U0171084

BABY

宝贝，好好吃饭

陈治锟 李珈贤 / 主编

Baby. eat well !

吉林科学技术出版社

图书在版编目（CIP）数据

宝贝，好好吃饭 / 陈治锟, 李珈贤主编. -- 长春：
吉林科学技术出版社, 2021.8
ISBN 978-7-5578-8505-2

Ⅰ.①宝… Ⅱ.①陈… ②李… Ⅲ.①儿童－食谱
Ⅳ.①TS972.162

中国版本图书馆CIP数据核字(2021)第156823号

宝贝，好好吃饭

BAOBEI，HAOHAO CHI FAN

主　　编	陈治锟　李珈贤	
编　　委	白　腾　　崔　英　　郭思成　　李柯璇　　廉雨霏　　刘颜圆	
	刘玥辰　　马福霖　　彭珍珍　　秦　源　　王晓蕾　　薛睿月	
	杨　可　　于　洋　　岳远磊　　张美丽　　张铭栖　　张燕芳	
出 版 人	宛　霞	
责任编辑	练闽琼	
封面设计	深圳市弘艺文化运营有限公司	
制　　版	深圳市弘艺文化运营有限公司	
幅面尺寸	170 mm×240 mm	
字　　数	300 千字	
印　　张	13	
印　　数	1—5000 册	
版　　次	2021年8月第1版	
印　　次	2021年8月第1次印刷	

出　　版	吉林科学技术出版社
发　　行	吉林科学技术出版社
地　　址	长春市福祉大路5788号出版大厦A座
邮　　编	130118
发行部电话/传真	0431-81629529　81629530　81629531
	81629532　81629533　81629534
储运部电话	0431-86059116
编辑部电话	0431-81629518
印　　刷	吉林省创美堂印刷有限公司

书　　号	ISBN 978-7-5578-8505-2
定　　价	45.00元

序言 PREFACE

儿童的营养与健康是每一位孩子家长都非常关注的问题。从孕育孩子起，妈妈在孩子的营养供给方面扮演着重要的角色。孩子出生后，踏上成长新阶段，此时爸爸妈妈要教会他们养成良好的饮食习惯，同时自己也要学会如何为孩子的成长提供科学营养的食谱。进入学龄期的儿童，生长发育非常迅速，对各种营养素的需求量相对高于成人，科学合理地提供营养不仅有益于孩子的生长发育，而且对孩子未来发展至关重要，将为他们日后的健康成长打下良好的基础。

充足的营养往往是靠日常饮食来提供，然而很多孩子都不好好吃饭，偏食、挑食，甚至喂养困难，经常要追着、赶着、哄着喂，这种现象极其普遍。如果孩子长时间不好好吃饭，营养状况不理想，不但会影响孩子的身体发育，还会影响孩子的智力和心理发育。轻度营养不良时，精神状态尚且正常；重度营养不良时便有精神萎靡、反应慢、体温偏低、无食欲等症状。长期重度营养不良可导致重要脏器功能损害，如心肺功能下降，可有心音低钝、血压偏低、脉搏变缓、呼吸浅表等症状。由于营养不良的患儿免疫功能低下，故易患各种感染，如反复呼吸道感染、鹅口疮、肺炎、结核病、中耳炎、尿路感染等。因此，让孩子从小好好吃饭是一件非常重要的事情。

本书结合孩子生长发育的特点，从饮食调理、脾胃调理、生活细节方面入手，着重让孩子养成良好的饮食习惯，这才是解决吃饭问题的关键。同时，从宝宝添加辅食开始，到幼儿期，直到学龄期，本书为家长们准备了丰富的食谱，通过丰富的饮食为孩子提供充足的营养，保证孩子健康成长。

目录 CONTENTS

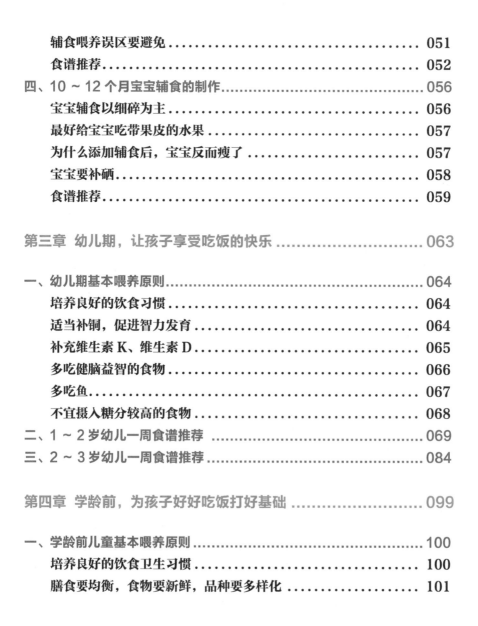

PART

1

第一章

饮食调理，让孩子好好吃饭

孩子不好好吃饭有多种原因，本章着重从饮食方面入手，在保证孩子营养均衡的情况下，提出了孩子每个阶段的饮食注意事项及四季饮食调理方式，避免常见的饮食误区，让孩子好好吃饭。

一、孩子不好好吃饭的原因

饿了要吃东西，这是人类的本能，但现在越来越多的孩子在吃饭的时间不肯乖乖吃饭，要么挑食、偏食，这不吃那不吃；要么吃饭时不专心，又要看电视，又要玩玩具；要么胃口不好，吃饭慢慢悠悠，甚至不吃东西，哭闹不停。这些状况往往把父母弄得焦头烂额。其实孩子不爱吃饭一般都是有原因的，可能是孩子吃太多零食，肚子不饿，也可能是孩子已经养成了不规律的饮食习惯。

疾病的影响

如果孩子生病了，胃口不好，这个时候就会不愿意吃饭。家长要注意观察孩子的身体状况，如果生病了，要及时到医院检查。

不适当的零食影响正餐

香甜的零食是孩子们所喜爱的，孩子总会吵着要吃零食。一些家长抵不过孩子的索求，经常提供蛋糕、饮料、糖果等零食，孩子也吃得停不下来，胃得不到休息，到了该吃正餐的时候便没胃口了，这也是孩子厌食的主要原因之一。

缺锌引起味觉改变

家长可以通过舌苔判断孩子是否缺锌。缺锌的孩子舌面上一颗颗小小的突起多呈扁平状或呈萎缩状。有的缺锌的孩子口腔黏膜明显剥脱，就会形成"地图舌"。

临床发现，厌食、异食癖与体内缺锌有关。体内锌含量低于正常值的孩子，其味觉发育比健康儿童差，而味觉敏感度的下降会造成食欲减退。锌对食欲的影响主要体现在以下几个方面：

1. 锌是唾液中味觉素的组成成分之一，所以缺锌会影响味觉和食欲；

2. 锌缺乏可影响味蕾的功能，使味觉功能减退；

3. 缺锌会导致黏膜增生和角化不全，使大量脱落的上皮细胞堵塞味蕾小孔，食物难以接触到味蕾，味觉就会变得不敏感。

睡眠质量不佳

孩子的天性就是比较爱玩，玩得高兴了就不愿意睡觉，孩子得不到充分的休息，就会感到疲劳，抑制食欲，从而导致厌食。

运动不足影响消化

现在有很多孩子都喜欢窝在家里玩电子产品或看电视，户外活动少之又少；再加上很多孩子都是家里的独生子女，家长也比较疼爱，这样就会导致孩子的运动量不足，消化系统随之也会欠缺活力，影响孩子的食欲，导致孩子不爱吃饭。

心理因素

正常情况下，孩子在就餐前，胃内空虚，血糖下降，开始有饥饿感，食欲很好，但是有很多原因会干扰这一规律，导致孩子有时会没有食欲。许多父母不知道孩子的胃肠功能可自行调节这一特点，总是勉强孩子吃，有的甚至采取惩罚手段。长此以往，这种强迫进食带来的厌食心理，也是影响孩子食欲的原因之一。

父母挑食影响孩子

有些父母爱挑选那些他们认为最好的、最有营养的食物给孩子吃，这种挑挑拣拣的做法会给孩子留下深刻的印象，孩子自然就会倾向于那些所谓"好吃"的食物，而对那些"不好吃"却又含丰富营养的食物，就会少吃，甚至不吃。

二、营养均衡，为孩子成长助力

这些信号说明孩子营养不均衡

孩子的成长离不开均衡的营养，如果营养不均衡，很容易影响孩子的生长发育。如果孩子出现以下这些情况，就说明孩子营养不均衡，需要调整饮食了。

◎ **体弱多病**

如果孩子很容易生病，如感冒、发热、牙龈炎、口角炎、角膜炎、口腔溃疡等病症反复发作，那么可能是免疫力低下。而引起孩子免疫力低下的其中一个原因就是营养不良，比如缺乏某些微量元素，如铁、锌等。

◎ **体格发育迟缓**

衡量婴幼儿体格发育的指标包括生长速度、发育水平、身体匀称度等，其中头围、体重和身高是发育水平的重要参考指标。孩子的生长发育受遗传、营养、睡眠、运动等多方面因素影响，其中营养是非常重要的后天影响因素。如果孩子的营养没跟上，最直接的表现就是身高、体重不够。建议家长要定期给孩子做体检，如果发现孩子身高、体重发育滞后，应在医生指导下调整孩子的饮食结构。

◎ **情绪变化无常**

B 族维生素有调节情绪的作用。当孩子体内缺乏维生素 B_1 时，脾气很可能会变得暴躁、易怒；当体内缺乏维生素 B_6 时，可能会出现易困倦、脾气急躁等状况；当体内缺乏维生素 B_{12} 时，可能会变得反应迟钝。因此，如果家长发现孩子的情绪变化无常，那就要考虑孩子是不是缺乏 B 族维生素了。

◎ 反应迟钝

孩子早期营养不良可能会表现在脑细胞的分裂率降低，影响到神经调节功能，进而影响语言和运动技能的发育。所以，一旦发现孩子常常注意力不集中或神情倦怠，出现反应迟钝、健忘等状况时，就应警惕是否存在营养不良。

◎ 便秘、口臭

如果孩子偏爱甜食、荤食、油炸食物，不喜欢吃蔬菜、水果，就会造成粗纤维摄入量不足，粗纤维摄入不足会导致人体肠道蠕动变慢，极容易便秘。如果便秘时间过长，肠道内会积累很多有害毒素，从而出现口臭的状况。当孩子出现便秘、口臭等问题时，家长们应该注意要多给孩子吃些蔬菜和水果来补充纤维素了。

孩子成长的基本营养需求

◎ 糖类

糖类是供给机体能量的营养素，也是体内一些物质的重要组成成分；糖类还能帮助脂肪完成氧化，防止蛋白质损失；神经组织只能依靠糖类供能，它对维持神经系统的功能活动有特殊作用。膳食中，糖类摄入不足会导致能量摄入不足，体内蛋白质合成减少，机体生长发育迟缓，体重减轻；如果糖类摄入过多，导致能量摄入过多，则造成脂肪积聚过多而肥胖。许多食物含糖类，如谷类、薯类、杂豆类（除大豆外的其他豆类）等，这些食物除含有大量淀粉外，还含有其他营养素，如蛋白质、无机盐、B 族维生素及膳食纤维等。因此，在安排儿童膳食时，应注意选用谷类、薯类和杂豆类食品。这样既能提供糖类，又能补充其他营养素。

儿童每日膳食中，糖类推荐的能量摄入量应

占总能量的 50% ~ 60%。糖类中的膳食纤维可促进肠蠕动，防止便秘。但是蔗糖等纯糖摄取后被迅速吸收，以脂肪的形式储存，易引起肥胖和龋齿等问题。因此，儿童不宜过多摄入糖分，一般以每日 10 克为限。

◎ 蛋白质

蛋白质由多种氨基酸组成，是构成细胞组织的主要成分，是儿童生长发育所必需的物质。儿童正处于生长发育的关键时期，蛋白质的供给特别重要。每天应供给足量的蛋白质，一般每天需 45 ~ 55 克。

对儿童来说，其能量需要量每日约为 1600 国际单位，而蛋白质的供能量最好能达到每日 200 千卡。除了要保证膳食中有足够的蛋白质数量以外，还应尽量使膳食蛋白质的必需氨基酸含量和比例适合儿童的需要，也就是说还要注意孩子饮食中蛋白质的质量。这就要求在儿童膳食中，动物性蛋白质和大豆类蛋白质的量要占蛋白质总摄入量的 1/2，可从鲜奶、蛋类、禽畜肉、鱼、大豆制品等食物中摄取。其余所需的 1/2 蛋白质可由谷类食物提供，如从玉米、高粱等食物中获得。

◎ 脂肪

脂肪是一种富含能量的营养素，它主要供给机体能量，帮助脂溶性维生素吸收，构成人体各脏器、组织的细胞膜。储存在体内的脂肪还能防止体热散失及保护内脏不受损害。体内脂肪由食物内脂肪供给或由摄入的糖类和蛋白质转化而来。儿童需要的能量相对高于成人，膳食中应供给足量的脂肪，可缩小食物的体积，

减轻胃肠负担。如果以蛋白质和糖类代替脂肪，将过分增加胃肠负担，甚至导致消化功能紊乱。

若膳食中缺乏脂肪，儿童往往体重不增、食欲差、易感染、皮肤干燥，甚至出现脂溶性维生素缺乏病；若能量摄入过多，特别是饱和脂肪酸摄入过多，体内脂肪储存增加，就会造成肥胖，日后患动脉粥样硬化、冠心病、糖尿病等疾病的危险性也会增加。

脂肪的来源有植物油和动物脂肪。植物油中必需脂肪酸含量高，熔点低，常温下不凝固，容易消化吸收；动物脂肪以饱和脂肪酸为主，含胆固醇较高。儿童每日膳食中，脂肪推荐的能量摄入量应占总能量的 30% ~ 35%。这一数量的脂肪不仅能提供所需的必需脂肪酸，而且有利于脂溶性维生素的吸收。在学龄前儿童的膳食中供给的脂肪要适量，因为摄入过量的脂肪会增加脂肪储存，引起肥胖。

◎ 无机盐

钙：钙是塑造骨骼的主要材料，是人体含量最多的元素，其中 99% 的钙集中于骨骼和牙齿中。短暂的钙摄入不足或其他原因引起的钙减少，如急性血钙降低、神经兴奋性增高，可引发手足抽搐，甚至惊厥；长期摄食钙过低，并伴有维生素 D 缺乏，日晒少，可引发孩子生长发育迟缓、软骨结构异常、骨钙化不良，进而出现多处骨骼畸形、牙齿发育不良等。儿童骨骼增长迅速，在这一过程中需要大量的钙质。如果膳食中缺钙，儿童就会出现骨骼钙化不全的症状，如鸡胸、膝内翻、膝外翻等。

儿童每日钙的适宜摄入量为 800 毫克。在日常膳食中，乳类含钙量高，易吸收，是钙的良好来源。儿童膳食可选用连皮的小虾、带骨的小鱼及一些坚果类，以增加钙的摄入量。豆类、绿色叶菜类也是钙的良好来源。

碘：从妊娠开始至孩子出生后 2 岁，孩子的脑发育必须依赖甲状腺激素，碘缺乏可致甲状腺激素分泌减少，导致不同程度的脑发育落后。碘缺乏可引起单纯性地方性甲状腺肿，儿童可表现为体格发育迟缓、智力低下，严重的可致呆小症等。

儿童每日碘的推荐摄入量为 9 微克。食用碘强化食盐烹调的食物是碘的重要来源。含碘较高的食物主要是海产品，如海带、紫菜、海鱼、海虾、贝类。儿童每周应至少吃一次海产品。

铁：缺铁易引起 T 细胞数减少，而且会抑制活化 T 淋巴细胞产生巨噬细胞移动抑制因子，嗜中性粒细胞的杀菌能力也会减退，因此可导致对感染敏感性的增加。虽然人体内铁含量少，但铁肩负的任务却十分重要，它不仅是血液运输战线上的主力，是构成血红蛋白、肌红蛋白的原料，还是维持人体正常活动最重要的酶的成分，与能量代谢关系十分密切。铁缺乏引起缺铁性贫血是儿童期最常见的疾病。儿童缺铁有如下两方面的原因：一是儿童生长发育快，需要的铁较多，而内源性可利用的铁又较少，其需要的铁更多依赖食物，如果补充不到位，非常容易缺铁；二是儿童膳食中，奶类食物仍占较大比重，其他富含铁的食物较少，也是易引发铁缺乏和缺铁性贫血的原因。

儿童每日铁的适宜摄入量为 12 毫克，动物性食品中的血红素铁吸收率一般在 10% 以上，动物肝脏、动物血、瘦肉是铁的良好来源。膳食中丰富的维生素 C 可促进铁吸收。豆类、绿叶蔬菜、红糖类虽为非血红素铁，但铁含量较高。

铜： 缺乏铜元素，可使单核细胞数和 T 细胞数量减少，使淋巴细胞对抗原反应的能力减退。缺乏铜的小鼠，其白细胞介素的水平仅为正常鼠的 40% ~ 50%。研究发现，在患各种感染时，血清铜升高，刺激并增加肝脏合成和释放铜蓝蛋白，有利于抵抗微生物的侵袭。

锌： 锌是人体必需的微量元素之一，能维持正常的免疫功能，并且锌与多种酶、核酸及蛋白质的合成密切相关，能够促进细胞正常分裂、生长和再生，对于生长发育旺盛期的儿童来说有重要的营养价值。锌缺乏可引起食欲减退、味觉异常、生长迟缓、认知行为改变，影响智力发育，导致性功能发育不良、成熟延迟、皮肤粗糙及色素增多等，使免疫功能降低，容易发生感染。由于味觉异常，可有吃墙土、吃纸等异食癖表现。

锌缺乏主要会导致 T 细胞功能明显下降，抗体的产生能力降低。研究证实，辅助性 T 细胞是一类依赖锌的细胞亚群。人与动物缺锌则生长迟缓，胸腺和淋巴组织萎缩，容易感染。动物实验表明，妊娠中、后期锌不足可使下一代抗体产生能力降低。

儿童每日锌的推荐摄入量为 12 毫克。人体可通过摄取食物来满足组织细胞对锌的生理需要。膳食中的锌来自食物，所有食物均含有锌，但不同食物中的锌含量和利用率差别很大，动物性食物的锌含量和生物利用率均高于植物性食物。锌最好的食物来源是贝类食物，如牡蛎、扇贝等，利用率也较高；其次是动物的内脏（尤其是肝脏）、蘑菇、坚果类和豆类；肉类（以红肉为多）和蛋类中也含有一定量的锌。牛肉和羊肉的锌含量高于猪肉、鸡肉、鸭肉。

如果通过医院检查测定确实缺锌，可遵照医嘱使用锌制剂治疗。

◎ 维生素

维生素是人体内含量很少的一类低分子有机物质，它不能提供能量，一般也不作为机体构成成分，但对维持人体正常生理功能有极其重要的作用。大部分维生素不能在体内合成或合成量不足，必须依靠食物来提供。

维生素 A 和胡萝卜素。维生素 A 主要存在于动物的肝脏和脂肪中。有色蔬菜和水果，如胡萝卜、菠菜、杏、柿子等含胡萝卜素较多，胡萝卜素在人体内可转化成维生素 A。维生素 A 是一种相对稳定的化合物，耐热、耐酸、耐碱，不溶于水，在油脂内稳定，故受一般烹饪过程的影响较小。维生素 A 能促进儿童的生长发育，保护上皮组织，防止眼结膜、口腔、鼻腔及呼吸道的干燥损害，有间接增强抵抗呼吸道感染的能力，还可维持正常视力，防止夜盲症的发生。

儿童维生素 A 供给量为每日 500 ~ 700 微克，可适量选择肝脏、肾、鱼肝油、奶类与蛋黄类食物食用，但过多服用维生素 A 制剂可造成体内积蓄，导致中毒。

维生素 B_1：维生素 B_1 能促进儿童生长发育，调节糖类代谢。缺乏维生素 B_1 时，儿童生长发育迟缓，出现神经炎、脚气病（严重者皮肤感觉过敏或迟钝、肌肉运动功能减退、心慌气短、全身水肿或急性心力衰竭）等。儿童需要每天从食物中补充维生素 B_1，每日需求量为 0.8 ~ 1.0 毫克。谷物的胚、坚果、豆类、瘦肉等，都是维生素 B_1 的良好来源，尤其是粮食的表皮含丰富的维生素 B_1。

维生素 B_2：维生素 B_2 对氨基酸、脂肪、糖类的生物氧化过程及能量代谢极为重要。缺乏维生素 B_2 会使儿童生长发育受阻，易患皮肤病、口角炎等。儿童需要每天从食物中补充维生素 B_2，每日供给 0.8 ~ 1.0 毫克。维生素 B_2 可从动物肝脏、奶类、蛋黄、绿叶蔬菜中获取。

维生素 B_6：维生素 B_6 对于维持细胞免疫功能、调节大脑兴奋性有重要作用。维生素 B_6 可从肉、鱼、奶类、蛋黄、酵母、动物肝脏、全谷、豆类、花生等食物中摄取。

维生素 C：维生素 C 又称为抗坏血酸，对人体具有多种生理与药理作用，除维持牙齿、骨骼、血管、肌肉等正常功能外，还具有明显的增强免疫力的作用。人体的白细胞具有杀伤病原微生物的能力，是机体防御感染的卫兵，在白细胞内含有大量的维生素 C。人体遭受感染时，白细胞内维生素 C 急剧减少，杀菌能力受到影响，而补充足够的维生素 C 可提高白细胞的杀菌活性。有些患者具有白细胞运动障碍，在感染发生时，白细胞不能及时赶到炎症现场以杀灭病原微生物，而维生素 C 可以改善白细胞的运动性及杀菌力，有利于感染的控制。维生素 C 还可以促进淋巴细胞的转化和分裂，可促进体内重要的免疫物质——干扰素的合成，并防止过敏性休克。健康人出于保健目的，可在膳食中注意增加维生素 C 的摄入。柑橘、橙汁、黑葡萄等水果含有丰富的维生素 C，而辣椒、西红柿、花椰菜、青豆、豌豆中维生素 C 的含量也不少。需要注意的是超量食用维生素 C 可破坏食物中的

维生素B$_{12}$，还会影响胡萝卜素的作用，因此，主张在进餐时不要大量摄入维生素C。总之，维生素C虽有利于改善免疫功能，但应注意科学应用。儿童对于维生素C的每日需要量为40～45毫克，可从山楂、橘子等新鲜水果中摄取。

维生素D：维生素D主要存在于动物肝脏、蛋黄等食物中。儿童每天需要10微克。植物中的麦角固醇及人体皮肤、脂肪组织中的7-脱氢胆固醇通过紫外线的作用，可形成维生素D。维生素D的主要生理功能为调节钙磷代谢，帮助钙的吸收，促进钙沉着于新骨形成的部位。儿童如果缺乏维生素D，容易患有佝偻病及手足抽搐症。儿童所需的维生素D可由食物提供，通过户外阳光照射也可产生维生素D，因此，为了预防维生素D缺乏，应让孩子多晒太阳。

◎ 水

水是人类赖以生存的重要条件之一。各种营养素在人体内的消化、吸收、运转和排泄都离不开水；水还是构成人体组织的主要成分；水还能调节体温，并能止渴。体内的水量随年龄、性别、胖瘦的不同而不同。年龄越小，体内含水量越多；脂肪组织越多，含水量越少。所以，肥胖者的体内含水量相对较少。水的需要量主要取决于机体的新陈代谢和能量的需要。此外，温度的变化、人的活动量和食物的性质，也会影响水的需要量。儿童每日每千克体重对水的需要量为90～100毫升。腹泻、呕吐时排水量增多，对水的需要量也相对增多。

体内水的供给来源有三个：一是饮入的液体，二是食物中所含的水分，三是糖类、脂肪和蛋白质在体内氧化时产生的水。体内水的排出有三个途径：一是通过肾脏排出，二是通过皮肤和肺排出，三是通过肠道排出。儿童每天水的周转比成人快，有利于排出体内的代谢物，但对缺水的耐受力较差，比成人容易发生水平衡失调，所以当水的摄入量不足时，则可发生脱水现象；反之，当摄入的液量过多，则又可能发生水肿。

三、孩子在每个阶段的饮食注意事项

宝宝从小养成的良好饮食习惯有益于其一辈子的身体健康。从宝宝的饮食结构来谈，一个粗略的原则便是：不同年龄阶段的宝宝，应有不同的膳食结构。

新生儿期，母乳是最佳选择

这一阶段，宝宝刚离开母体，胃肠功能非常弱，其营养的来源主要是母乳，母乳是此阶段婴儿最佳的选择。对宝宝来说，母乳的营养价值是其他食品无法代替的，因为母乳营养丰富，糖类、脂类、蛋白质比例合适，易于消化吸收，且含有婴儿所需的各种免疫物质，可预防多种感染性与传染性疾病。母乳喂养还可避免奶瓶、奶嘴污染带来的感染，改善小儿营养状况，保护婴儿少得疾病。若妈妈无母乳或因病不能喂宝宝，应选择喂婴儿配方奶粉。此阶段一般不用添加任何辅食。

婴儿期，从辅食到与家人共餐

婴儿指 1 ~ 12 月龄的宝宝，此时宝宝的生长发育非常快，4 ~ 6 月龄后应逐渐添加辅食，如面糊、米汤、菜汤、蛋、瘦肉、豆浆、溶豆等，为断奶打好基础。

此时添加食物应遵循下列原则：由稀到稠，由少到多，由细到粗，由一种到多种，并在宝宝身体健康、消化功能正常时添加新食物。

随着月龄的增加，应逐渐增加食物的种类和数量，并调整添加辅食的次数。添加一种新食物的过程中，如宝宝出现呕吐、腹泻、出疹子等症状，可暂缓添加。待症状消失后，再从少量开始试着重新添加。如仍不能适应，需暂停食用并咨询医生。在宝宝生病时，最好不要添加新食物。

幼儿期，控制零食很重要

幼儿期指 1 ~ 3 岁，此阶段宝宝体格发育速度放慢，但大脑的发育加快，因此，饮食中应注意优质蛋白质的供给。此时宝宝的牙已逐渐出齐，但咀嚼功能仍较差，食物宜细、软、烂、碎，不能与成人进食完全相同的食物。

每日应给予 250 ~ 500 毫升牛奶，并注意肉、蛋、鱼、蔬菜、水果的供给。每日 3 次正餐，外加 1 ~ 2 顿点心。

注意，此时宝宝户外活动机会增加，开始接触到"零食"，难免会喜欢上喝各种饮料，吃各种小食品。小食品吃多了会影响正餐，所以应严格控制宝宝吃零食的量。

学龄前期，饮食要多样化

学龄前期指 4 ~ 7 岁，此时宝宝的膳食已接近成人，可同成人一样食用米饭、面食、菜肴，但仍要避免过于坚硬、油腻或重味的食物。饮食要多样化，荤素搭配，粗细粮交替，保证营养平衡，饭后仍需添加水果，尽量少食饮料与零食。

学龄期，养成良好的饮食习惯

此时孩子的饮食基本同成人一样，膳食安排要营养充足、饭菜合宜。应注意以下几点：

1. 食物颜色、品种要多样：既要有米面类，又要有富含优质蛋白质的豆、蛋、肉、奶，再加上大量绿叶蔬菜、水果。主食应粗细粮兼有、荤素搭配，要在保证营养的基础上经常变换颜色，以激发孩子的食欲。

2. 三餐一点（即午餐和晚餐之间加一顿点心）最合适。因孩子上午学习紧张，消耗大，早餐要包含牛奶、肉、蛋等。

3. 养成良好的饮食习惯，不偏食，少吃零食，注意饮食卫生，进食时不看书、电视，集中精力吃饭。有些孩子不喜欢吃菜，针对这种情况，家长应从教育着手，使孩子明白吃菜可补充多种维生素及无机盐，对其健康非常有利。

总之，无论哪个年龄段的孩子，膳食一定要营养均衡，荤素搭配、粗细搭配，并注意优质蛋白质的摄入，养成良好的饮食习惯，尽量少吃甜食、零食，少喝饮料，这样才能避免肥胖症或营养不良症的发生。

四、儿童四季饮食调理

春、夏、秋、冬四季气候各不同，儿童的饮食也应随季节而改变，每个季节儿童的饮食搭配也应各具特点。

抓住孩子长个儿的黄金时机——春天

春天是万物生长的季节，也是孩子长身体的最佳时机。对于发育迅速的孩子来说，春天更应注意饮食调养，以保证其健康成长。

营养摄入丰富均衡，钙是必不可少的，应多给宝宝吃一些鱼、虾、鸡蛋、牛奶、豆制品等富含钙质的食物，并尽量少食甜食、油炸食品及碳酸饮料，因为它们是导致钙质流失的"罪魁祸首"。蛋白质也是不可或缺的，鸡肉、牛肉、小米都是不错的选择。

早春时节，气温仍较寒冷，人体为了御寒，要消耗一定的能量来维持基础体温。所以早春期间的营养构成应以高能量为主，除豆类制品外，还应选用芝麻、花生、核桃等食物，以便及时补充能量。由于寒冷的刺激可使体内的蛋白质分解加速，导致机体免疫力降低而致病，因此，早春时节还需要注意给孩子补充富含优质蛋白质的食品，如鸡蛋、鱼类、虾、牛肉、鸡肉、兔肉和豆制品等。上述食物中所含有的丰富的蛋氨酸具有增强人体耐寒能力的功能。

春天气温变化较大，细菌、病毒等微生物活动力增强，容易侵犯人体，所以在饮食上应摄取足够的维生素和无机盐，以增强身体抵抗能力。小白菜、油菜、青椒、西红柿、鲜藕、豆芽菜等新鲜蔬菜和柑橘、柠檬、草莓、山楂等水果均富含维生素C，具有抗病毒作用；胡萝卜、苋菜、油菜、雪里蕻、西红柿、韭菜、豌豆苗等蔬菜和动物肝脏、蛋黄、牛奶、乳酪、鱼肝油等动物性食品富含维生素A，具有保护上呼吸道黏膜和呼吸器官上皮细胞的功能，可抵抗各种致病菌的侵袭；也可多吃含有维生素E的芝麻、卷心菜、花椰菜等食物，以提高人体免疫功能，增强机体的抗病能力。春天多风，天气干燥，妈妈一定要注意及时为宝宝补充水分。

春季患病或病后恢复期的小儿，以清凉、素净、味鲜可口、容易消化的食物为主，可食用大米粥、冰糖薏米粥、赤豆粥、莲子粥、青菜泥、肉松、豆浆等。春季易过敏，所以在饮食上需要特别注意，尤其是那些过敏体质的儿童更要小心食用海鲜等易引起过敏的食物。

苦夏别苦了胃口，给孩子温和清心火

炎热的夏季是人体能量消耗最大的季节。这时，人体对蛋白质、水、无机盐、维生素及微量元素的需求量有所增加，生长发育旺盛期的儿童更是如此。

首先是儿童对蛋白质的需求量增加。夏季蛋白质分解代谢加快，并且大量微量元素及维生素可随汗液流失，使人体的免疫力降低。在膳食调配上，要注意食物的色、香、味，多在烹调技巧上用心，使孩子增加食欲。可多吃些豆制品、新鲜蔬菜、水果等。夏季可以给孩子多吃一些具有清热祛暑功效的食物，例如

苋菜、莼菜、马兰头、茄子、藕、绿豆芽、西红柿、丝瓜、黄瓜、冬瓜、菜瓜、西瓜等，尤其是西红柿和西瓜，既可生津止渴，又有滋养作用。另外，还可选择小米、豆类、瘦猪肉、动物肝脏、蛋类、牛奶、鸭肉、红枣、香菇、紫菜、梨等食物，以补充流失的维生素。

由于夏季气温高，孩子的消化酶分泌较少，容易引起消化不良或感染肠炎等肠道疾病，所以需要适当增加食物量，以保证足够的营养摄入。最好吃一些清淡易消化的食物，如黄瓜、西红柿、莴笋等，这些食物含有丰富维生素C、胡萝卜

素和无机盐等。还应多食用牛奶、鸡蛋、瘦肉、鱼等富含优质蛋白质的食物。此外，豆浆、豆腐等豆制品所含的植物蛋白最易于孩子吸收。多变换花样、品种，以增进儿童食欲。

白开水是孩子最好的"饮料"。夏季出汗多，体内的水分流失也多，孩子对缺水的耐受性比成人差，等到有口渴的感觉时，其实体内的细胞已有脱水的现象了，若脱水严重还会导致发热。孩子日常从奶和食物中获得的水分约800毫升，夏季仍应另摄入水分。因此，多给孩子喝白开水非常重要，可起到解暑与缓解便秘的双重作用。由于天热多汗，机体内大量盐分随汗排出体外。缺盐会使渗透压失衡，影响代谢，人易出现乏力、厌食等症。夏季应适量补充盐分，不可过多，也不应太少，切勿忽视。

冷饮、冷食吃得过多，会冲淡胃液，影响消化，并刺激肠道，使其蠕动亢进，缩短食物在小肠内停留的时间，会影响孩子对食物中营养成分的吸收。特别是幼儿的胃肠道功能尚未发育健全，黏膜血管及有关器官对冷饮、冷食的刺激尚不适应，多食冷饮、冷食会引起腹泻、腹痛及咳嗽等症状，甚至诱发扁桃体炎。

对付秋燥，让孩子更滋润

秋天，秋高气爽，五谷飘香，是气候宜人的季节。家长可根据秋天季节的特点来调整饮食，提供充足的营养，促进孩子的发育成长。

金秋时节，果实大多成熟，瓜果、豆荚类蔬菜的种类很多，肉类、蛋类也比较丰富。秋季的饮食构成应以防燥滋润为主。事实证明，秋季应多吃些芝麻、核桃、蜂蜜、蜂王浆、甘蔗等。水果应多吃些梨。梨营养丰富，含有蛋白质、脂肪、葡萄糖、果糖、维生素和无机盐，不仅口感美味，也是治疗肺热痰多的良药。

秋天有利于调养生机、去旧更新。对体弱、脾胃不好、消化不良的孩子来说，可以吃一些健补脾胃的食品，如莲子、山药、扁豆、芡实、栗子等。鲜莲子可生食，也可做菜、糕点或蜜饯，干莲子的营养丰富，能补中益气、健脾止泻；山药不仅含有丰富的淀粉、蛋白质、无机盐和多种维生素等营养物质，还含有多种纤维素和黏液蛋白，有良好的滋补作用；扁豆具有健脾化湿的功效；芡实是秋凉进补的佳品，具有滋养强壮身体的功效；栗子可与大米共煮粥，加糖食用，也可做栗子鸡块等菜肴，有养胃健脾的作用。

秋季饮食要遵循"少辛增酸"的原则，即少吃一些辛辣的食物，如葱、姜、蒜、辣椒等，多吃一些酸味的食物，如广柑、山楂、橘子、石榴等。

此外，由于秋季较为干燥，饮食不当很容易出现嘴唇干裂、鼻腔出血、皮肤干燥等现象，因此，家长们还应多给孩子吃些润燥生津、清热解毒及有助消化的蔬菜和水果，如胡萝卜、冬瓜、银耳、莲藕、香蕉、柚子、甘蔗、柿子等。另外，及时补充水分也是相当必要的，除日常饮用白开水外，还可以用雪梨或柚子皮煮水给孩子喝，同样能起到润肺止咳、健脾开胃的作用。

秋季孩子易生消化系统疾病，需特别注意饮食卫生，少吃冷饮，以免对幼嫩的肠胃造成刺激。此外，西瓜属性寒之果品，秋季多食易伤脾胃，因此不宜多吃。

秋季天气逐渐转凉，是流行性感冒多发的季节，家长们要注意在日常饮食中让孩子多吃一些富含维生素 A 及维生素 E 的食品，以增强机体免疫力，预防感冒，奶制品、动物肝脏、坚果都是不错的选择。另外，秋季是收获的季节，果蔬丰富，大部分绿色蔬菜及水果中都富含大量维生素，建议孩子多吃。

冬天适合补养，最宜储备能量

冬季气候寒冷，人体受寒冷气温的影响，人的食欲会发生变化。因此，合理地调整饮食、保证人体必需营养素的充足，对增强幼儿的机体免疫功能是十分重要的。在此期间，家长们需要了解冬季饮食的基本原则，从饮食着手，增强孩子的身体抗寒能力和抗病力。

冬天的营养进补应以增加能量为主，可适当多摄入富含糖类和脂肪的食物，还应摄入充足的蛋白质，如瘦肉、鸡蛋、鱼类、乳类、豆类及其制品等。这些食物不仅所含的蛋白质便于人体消化吸收，而且富含人体必需的氨基酸，营养价值较高，可增加人体耐寒和抗病能力。

冬季的户外活动相对较少，接受室外阳光照射的时间也短，很容易缺乏维生素 D。这就需要家长定期给孩子补充维生素 D，每周 2 ~ 3 次。同时，寒冷气候会使人体的氧化功能加快，维生素 B_1、维生素 B_2 代谢也明显加快，饮食中要注

意及时补充富含维生素 B_1、维生素 B_2 的食物。维生素 A 能增强人体的耐寒力，维生素 C 可提高人体对寒冷的适应能力，并且对血管具有良好的保护作用。同时，有医学研究表明，如果体内缺少无机盐就容易产生怕冷的感觉，建议家长们在冬季多让孩子摄取根茎类蔬菜，如胡萝卜、土豆、山药、红薯及藕等，这些蔬菜的根茎中所含无机盐较多，可帮助孩子抵御寒冷。

冬天的寒冷会影响到人体的营养代谢。在日常饮食中可多食一些瘦肉、动物肝脏、蛋、豆制品和虾皮、虾米、海鱼、紫菜、海带等海产品，以及芝麻酱、花生、核桃、赤豆、芹菜、橘子、香蕉等食物。

冬季是最适宜滋补的季节，对于营养不良、免疫力低下的儿童来说更宜进行食补，食补有吃药所不能替代的效果。冬令食补，应供给富含蛋白质、维生素和易于消化的食物。可选食粳米、籼米、玉米、小麦、黄豆、赤豆、豌豆等谷豆类；菠菜、韭菜、萝卜、黄花菜等蔬菜；牛肉、羊肉、兔肉、鸡肉、猪肚、猪肾、猪肝及鳝鱼、鲤鱼、鲢鱼、鲫鱼等；橘子、椰子、菠萝、莲子、大枣等果品。

此外，冬季的食物应以热食为主，以煲菜类、烩菜类、炖菜类或汤菜等为佳。不宜给孩子多吃生冷的食物，生冷的食物不易消化，容易伤及脾胃，脾胃虚寒的孩子尤要注意。冬季能量散发较快，用勾芡的方法可以使菜肴的温度不会降得太快，可多用勾芡的方法制作菜肴。

五、孩子饮食常见误区

把牛奶当水喝

虽然牛奶是很有营养的食物，但也不是多多益善的。新研究发现，幼儿牛奶喝少了，维生素 D 会不足；牛奶喝太多，则容易导致缺铁。维生素 D 有助于钙质吸收，增强骨骼健康，也有助于防止免疫系统疾病、呼吸道疾病和心血管疾病。而补铁有助于儿童大脑健康发育，缺铁则会损害身体及大脑功能。因此，孩子每天最好喝两杯牛奶。幼儿每天喝两杯牛奶既可保证维生素 D 的摄入量，也能防止体内铁质流失。

大便干燥吃香蕉

我们几乎把便秘吃香蕉当成常识了。香蕉有润肺、滑肠的功效，那是不是孩子大便干燥，吃香蕉就可以了？其实不然。多吃一些富含膳食纤维的食物，比如绿色蔬菜、粗粮、水果等，有助于缓解孩子便秘的情况，不过香蕉并不是最好的选择。

饮食中纤维素摄入不足、排便习惯未养成、缺乏锻炼、水分摄入不够等，都可能造成便秘。香蕉中的膳食纤维确实不少，但也并不是最多的，香蕉甚至还不如梨和火龙果所含的膳食纤维多，而一些蔬菜、粗粮中的膳食纤维则更加丰富。

家长完全可以选择这些食物，没必要只认准香蕉。如果是没熟透的香蕉，其中的鞣酸含量比较高，反而会引起便秘。

需要注意的是，除了在饮食中注意补充膳食纤维外，更重要的还是让孩子养成良好的排便习惯。注意寻找孩子便秘的诱因，对因治疗才能标本兼治。如果多方尝试后，孩子便秘仍不见好转，则需要及时就医，排除引起便秘的器质性疾病。

多吃动物肝脏

通常人们认为动物肝脏能够补铁、补血。的确，肝脏中的铁以血红素铁的状态存在，人体对它的吸收率要大于其他来源的铁，如果依靠吃肝脏来补充铁，在吃的量上可以比其他含铁食物少一些。

不过，肝脏作为分解毒素的一个脏器，它的重金属以及药物含量要比其他器官多。对身体发育尚未完全的孩子来说，肝脏并不是最好的选择。

如果要吃肝脏，可以优先选择禽类的肝脏，如鸡肝、鸭肝，作为婴幼儿辅食时，每周不要超过 25 克。而且对于不缺铁的孩子来说，也没有必要经常吃肝脏，只要注意均衡饮食就好，每天摄入适量的肉类和富含维生素 C 的食物，就可满足孩子所需。

过早喝鲜牛奶

鲜牛奶对于婴儿来说并不合适，因为鲜牛奶中含有太多的大分子蛋白质和磷，而含铁太少。婴儿胃肠道的消化功能还没有发育完善，给婴儿喝鲜牛奶，很容易出现肠胃不消化和缺铁的现象。鲜牛奶中的叶酸含量也比较低，而叶酸是构成健康红细胞的营养基础。另外，牛奶中缺少构成婴儿健康红细胞所需的铁。1 岁以后的孩子胃肠道的消化功能基本发育成熟，这个时候开始喝鲜奶比较合适。

用水果代替蔬菜

孩子不爱吃蔬菜的情况在生活中并不少见，有些家长想到用水果来代替蔬菜，认为这样可以弥补蔬菜摄入量不足的影响。但事实上，水果并不能代替蔬菜。尽管它们在营养成分上有许多相似之处，但相似不代表相同。

蔬菜的纤维素含量普遍高于水果，糖分含量却比水果低，一些不太新鲜的水果所含的维生素的量也不及蔬菜。可以说，在日常膳食中，给孩子补充一定量的新鲜蔬菜，可以少吃或不吃水果，但反之，只吃水果而不吃蔬菜，则是行不通的。

用果汁代替水果

许多家长认为，相比于市售的汽水等饮料，100%的纯果汁更加健康。的确，果汁比碳酸饮料等要有营养一些，但这并不表示就可以专用果汁来给孩子解渴。

将水果做成果汁，只有可以溶于水的营养素被保留了下来，大部分的膳食纤维以及部分无机盐都留在了残渣中，造成了营养素的大量流失。同时，水果中的糖被浓缩进了果汁中，导致果汁的含糖量和能量都十分高，过多饮用也容易引起龋齿、肥胖等问题。

6个月以下的宝宝，不建议喝果汁；而6个月以上的宝宝，虽然也不推荐喝果汁，但也不完全禁止，只是一定要注意限量。给宝宝喝果汁时也可以加1～2倍的水进行稀释。

孩子6岁以内，每天喝的果汁量要限制在120～180毫升，7～18岁的孩子每天喝果汁的量不要超过355毫升。

"儿童食品"随便吃

面对市场上品种繁多、琳琅满目的儿童食品，有些家长的做法是只要孩子喜欢吃，不分时间、品种、数量，也不顾及孩子的消化、吸收能力，而一味满足他们的要求；而另一些家长则认为吃零食会影响孩子的生长发育，所以不给孩子买零食吃。以上两种做法均有些欠妥，孩子的零食既不能太多，也不能没有。

一般来说，早餐吃得简单且少，所以在上午可以为孩子补充少量能量较高的食品，如蛋糕、饼干、花生、栗子、核桃、枣子等。午睡是不可少的，醒来后喝少量的热水，等孩子做游戏后，给孩子的零食应以水果为主。晚饭后不必补充什么零食，如果有条件，喝一杯牛奶即可，但要注意喝完奶后玩一会儿，刷牙后再睡觉。

喝高汤补营养，越多越好

很多家长对"浓汤""高汤"很推崇，觉得汤越浓，营养越好，老火靓汤更是最佳选择。事实上，汤熬得时间越久，里面的有害物质就越多，孩子喝了反而更不利于健康；而且要想做到汤浓，必然要煲较长时间，食材中的营养成分反而会被破坏。熬汤的过程中，蛋白质经过高温，都凝固在肉里；糖类可溶于水；各类维生素（B族维生素、维生素C、维生素A和维生素D）经过高温煲煮以后，大部分都被破坏了。因此，到最后汤里就只有少量的糖和大量的脂肪了。所以对于1岁以下的孩子来说，喝汤不如喝水。

1岁以上的孩子可以喝一点蔬菜汤。但蔬菜汤里含有较多的草酸，而草酸一方面会影响钙吸收，另一方面会增加孩子患结石的风险，所以像菠菜、竹笋这类含有很多草酸的蔬菜都不适合给孩子煮汤喝。

PART

2

第二章
从第一口辅食开始，让孩子爱上吃饭

随着婴儿的身体发育，只靠吃奶并不能满足身体需求，所以孩子6个月以后要慢慢添加辅食，使其营养更全面。辅食添加能弥补单纯奶制品喂养的营养不足问题，促进孩子健康生长；同时能促进孩子的胃肠道功能、咀嚼功能等生理功能的发育。辅食添加得好，有利于孩子养成良好的饮食习惯，让孩子很容易爱上吃饭。

一、辅食添加很关键

何时开始添加辅食

宝宝该吃辅食了，就会向妈妈发出一些小信号。只要妈妈细心观察，就会发现这些信号，从而掌握为宝宝添加辅食的最佳时机。

◎ 体重达到出生时的2倍

宝宝出生时的平均体重大约为 3.3 千克。宝宝在 6 个月以前，体重平均每个月可以增长 600 克。到 6 个月左右，宝宝的体重大约为出生时的 2 倍，这个时候就可以考虑为宝宝添加辅食了。

◎ 头部可以来回转动

宝宝在 4 个月左右扶坐时，颈部与躯干能够维持在同一个垂直面上；坐起时能够稳定地抬头并可以自由地来回转动，这个时候就可以考虑开始添加辅食了。

◎ 有抓勺子或抢筷子行为

宝宝在 4 个月的时候手眼进一步协调，能够缓慢地抓物体；5 个月时能主动取物，但动作仍不协调；6 个月时可以用几个手指捏住物体，手的控制能力加强。这个时期的宝宝对别人吃饭表现出极大的兴趣，会盯着看，吧嗒嘴，像个小馋猫一样，还会有抓勺子或抢筷子的行为，这都说明宝宝到了该添加辅食的时候。

◎ 喂奶量超过1000毫升

母乳喂养的宝宝每天喂 8 ~ 10 次，配方奶粉喂养的宝宝每天的总摄奶量达到 1000 毫升却仍然表现出没吃饱的样子，这时就要考虑给宝宝添加辅食了。

◎ 宝宝对吃东西感兴趣

当爸爸妈妈舀起食物放到宝宝嘴边时，他会尝试着舔进嘴里，表现出很高兴、很想吃的样子，说明他对吃东西有兴趣，这时就可以给宝宝添加辅食了。如果宝宝把头转开或推开你的手，说明宝宝不要吃也不想吃，这种情况下就不要勉强，可以隔几天再试试。

辅食添加要点

◎ 味道对于宝宝的意义

我们通过舌头上的味蕾来感受食物的味道，并将这种味道转化为体内的化学信号，随后各种消化酶便"闻讯而来"，开始消化吸收各种营养。如果食物的味道鲜美，肠胃就能提高吸收率，所以美味的食物不光是一种味觉享受，还能促进消化吸收。同样，辅食如果做得味道鲜美，不仅会增加宝宝的食欲，还能够促进营养的消化和吸收。

需要爸爸妈妈注意的是，宝宝的味觉还没有发育成熟，所以他们更喜欢单纯的味道。宝宝的辅食要做到味道清淡，尽量凸显食材本身的鲜香，不要做得太咸或太甜，盐也要在宝宝 1 岁之后再逐渐添加，也不能放调味料，否则会加重宝宝的肾脏和肠胃负担，还会使宝宝养成重口味的习惯，对身体有非常不好的影响。

◎ 辅食添加要从少量到适量

宝宝在添加辅食之前只食用乳类食物，对其他食物需要有一个适应的过程。添加辅食要一种一种地慢慢添加，量也不宜太多。最初只要每天将辅食稀释后给宝宝喂一两勺，让宝宝适应食物的味道，同时还要观察宝宝的反应，再看大便

有没有变化，来决定是否继续给宝宝添加这种辅食。当宝宝适应了新食物以后，再逐渐地适当加量。

◎ 添加辅食不要着急，一种一种地添加

给宝宝添加辅食要遵循循序渐进的原则，不能着急，要一种一种慢慢添加。每一种辅食给宝宝食用一周左右，如果宝宝顺利接受了这种食物再添加另一种，如果宝宝出现过敏等症状，也可以比较快捷地发现过敏原。需要注意的是，天气过于炎热或宝宝身体不适的时候，要延缓添加新的食物种类，以免引起或加重宝宝的不适症状。

◎ 辅食被宝宝吐出来，不可怕

在刚开始添加辅食的时候，宝宝常常会把嘴里的食物用舌头推出来，这并不表示宝宝不喜欢这种食物，而是宝宝还不习惯吃辅食的方式，不能熟练运用舌头，不能掌握咀嚼和吞咽技巧。家长只要给宝宝擦干净，继续喂就可以了。如果宝宝将头转过去，或者紧闭双唇，甚至哭闹起来，可能表示宝宝已经吃饱了。如果宝宝连续两天拒绝同一种食物，就换别的食物再试试，不要勉强宝宝。

◎ 辅食添加要"由稀到干""由细到粗"

辅食的添加应该从流质开始，慢慢过渡到半流质，再到半固体和固体食物。辅食的颗粒也要由小到大逐渐变化，让宝宝逐渐适应。一般来说，4～6个月的宝宝只

能添加液体辅食，如米汤、蔬菜汁、水果汁等；7 ~ 9 个月的宝宝可以添加精细食物，如软面条、蔬菜泥、芝麻糊、鱼肉粥等；10 ~ 12 个月的宝宝可以食用小块食物，13 ~ 24 个月的宝宝可以食用大块一点的食物，25 个月以上的宝宝就可以食用常规食物了。

◉ 宝宝辅食要少糖、少盐

宝宝辅食中"少糖"指的是尽量不放或少放糖，也不要选择含糖高的食物给宝宝做辅食。宝宝的辅食中少放糖或不放糖可以凸显出食物原有的味道，同时也能使宝宝适应少糖饮食，以免日后有肥胖的可能。

1 岁以内宝宝的饮食中不能加盐。因为宝宝的肾脏不能排出多余的钠盐，食用加盐的辅食会加重宝宝肾脏的负担，对宝宝的健康产生不利影响。1 岁之后的宝宝辅食中也要尽量少放盐，培养宝宝清淡的口感，减少成年后患高血压的风险。

辅食添加关键词

宝宝的辅食要添加些什么呢？宝宝在不同的阶段都要添加多少辅食呢？可以参考下面的内容。

◉ 蔬菜汁、果汁、果泥

蔬菜汁、果汁和果泥是宝宝补充维生素及无机盐的良好食物来源。将蔬菜和水果打成汁或磨成泥，非常容易消化，口感也不错。

宝宝果汁、果泥、水果日添加参考量

宝宝月龄	添加量
4 个月	果汁 30 ~ 50 毫升
5 ~ 6 个月	果汁 50 ~ 80 毫升，果泥 15 ~ 20 克
7 ~ 8 个月	果汁 100 毫升，果泥 25 克
9 ~ 11 个月	水果丁 30 ~ 40 克
12 ~ 15 个月	水果片或水果块 40 ~ 50 克

小贴士：

①妈妈第一次给宝宝喂菜汁的时候，最好只给一勺或更少，先让宝宝尝尝味道，之后再慢慢加量。

②不能先给宝宝喝很甜的蔬果汁，否则宝宝会拒绝不甜的蔬果汁。

③第一次给宝宝喂果汁，最好在两餐之间，选择宝宝身体和情绪都很好的时候。喂完果汁之后要给宝宝喝点白开水以清洁口腔。

④6个月之前的宝宝喝果汁要用温开水稀释，等宝宝大一些之后可以喂果泥或水果丁，以增加纤维素的摄入量。

⑤虽然蔬果汁的味道好，又含有很多水分，但是最适合宝宝的还是白开水。白开水更有利于新陈代谢，所以不能完全用蔬果汁代替白开水。

鸡蛋

鸡蛋是一种营养丰富的食物。蛋黄中含有非常丰富的维生素 A、维生素 B_2，还有镁、钙、磷等微量元素，对宝宝的大脑、视力、骨骼发育都非常有好处。但是 1 岁以下的宝宝不适合吃蛋白，因为蛋白不利于消化吸收，还容易引起过敏，所以只能吃蛋黄。

宝宝蛋黄日添加参考量

宝宝月龄	添加量
4 个月	1/8 个蛋黄
5 ~ 6 个月	1/4 个蛋黄
7 ~ 8 个月	1/2 个蛋黄
8 个月以上	1 个蛋黄

小贴士：

①宝宝食用的蛋黄必须完全煮熟，否则不利于消化吸收。

②第一次给宝宝喂蛋黄的时候要少量单独给予，在观察到宝宝没有过敏反应后再逐渐添加，也可以混在米汤、稀粥中喂给宝宝。

◎ 米粉

早在2002年，世界卫生组织就提出，谷类食物应该是宝宝首先添加的辅食。在谷类食物中，米粉比面粉更不容易引起过敏。宝宝在4个月左右的时候，身体中的铁元素相对不足，而母乳中的铁元素远远达不到宝宝的需求，米粉既安全，又含有铁元素，比较适合作为宝宝的第一种辅食。

给宝宝吃的米粉既可以自己制作，也可以选购正规厂家生产的婴儿专用含铁米粉。妈妈在购买米粉时要看清保质期和营养含量，根据宝宝的发育情况选择不同配方的米粉，尤其要注意米粉中是否含有会让宝宝过敏的物质。

宝宝刚开始吃米粉时，可以调稀一点，等宝宝逐渐适应以后再慢慢加稠。调米粉的水温在70～80℃，温度过高会破坏米粉中的营养成分，温度过低则米粉容易结块，导致宝宝消化不良。

◎ 汤

肉汤、骨头汤或菜汤都很适合宝宝。工作繁忙的妈妈可以在周末的时候炖好一锅高汤，用辅食盒分装好放入冰箱冷冻，用的时候拿一份出来就可以给宝宝做一顿辅食了。需要注意的是，在给宝宝添加辅食的初期，要把汤中的油脂撇掉，以免加重宝宝的肠胃负担。等宝宝大一些，就可以慢慢添加少量油脂了。

二、4～6个月宝宝辅食的制作

4～6个月的宝宝刚刚开始接触辅食，爸爸妈妈因为经验少而常常手忙脚乱。你是不是对宝宝添加辅食有很多疑问呢？下面，我们就来一一讲解。

掌握添加辅食的时机

宝宝到了该添加辅食的时候就要及时添加。那么到底什么才是最适合给宝宝添加辅食的时机呢？

宝宝身体健康时再添加：某些食物会引起过敏、腹泻、便秘等症状，这是因为宝宝从出生就食用乳品，肠胃对于乳品已经非常习惯，而在饮食中添加宝宝从来没有接触过的食物，宝宝的肠胃和口腔、咽喉等消化系统都需要一定的时间来适应，所以，添加辅食一定要选宝宝身体健康、免疫力相对比较强的时候，否则有可能加重宝宝的不适症状，不利于宝宝的身体健康。

不要过度关注他：很多宝宝在吃饭的时候注意力不集中，大人吃饭的时候，他想玩儿，而当大人吃完饭的时候，他又很想吃。这是由于没有从小培养良好的用餐习惯，所以，好的习惯要从小培养，最好是刚开始添加辅食的时候就开始培养。在宝宝单独吃饭的时候不要过度关注他，否则宝宝就会形成吃饭时不专心的坏习惯，甚至有些大宝宝还要家长追着喂饭，这对于宝宝的身体健康是非常不利的。好的习惯养成了，家长的困扰也就没有了。

4个月加辅食还是6个月加辅食：一般建议在宝宝4到6个月的时候添加辅食，可是每个宝宝都存在个体差异，而且4个月到6个月有两个月的时间差，很多妈

妈都想知道自己家宝宝到底在哪个时间点开始添加辅食最合适。实际上，妈妈可以观察宝宝发出的许多小信号，比如吃完奶后似乎还没有吃饱，看到大人吃饭会表现出很馋的样子，喜欢把东西放到嘴里等。只要宝宝处于 4 ~ 6 个月，又有这些小信号，身体状况也很好，就可以放心添加辅食了。

注意食材的新鲜与卫生

宝宝辅食最好选用应季且新鲜的蔬菜。放久了的蔬菜不仅会有营养素的损失，还会产生亚硝酸盐这些有害物质。

亚硝酸盐来自蔬菜含有的硝酸盐。硝酸盐本身没有毒，然而在储藏一段时间之后，由于酶和细菌的作用，硝酸盐被还原成有毒的亚硝酸盐，亚硝酸盐在人体内与蛋白类物质结合，可生成强致癌性的亚硝酸盐类物质。试验证明，在30℃的屋子里储存 24 小时，绿叶蔬菜中的维生素 C 就会全部损失，而亚硝酸盐的含量则上升了几十倍。所以，给宝宝做辅食一定不能用放久了的蔬菜。采购蔬菜应挑选最新鲜的，凡是已经发黄、萎蔫、水渍化、开始腐烂的蔬菜，宝宝和大人都不能食用。

应对添加辅食后宝宝的各种症状

添加辅食后，有些宝宝会出现一些问题，如不爱喝奶、便秘等情况，这些问题都是妈妈们需要了解的。

◉ 添加辅食之后宝宝不喝奶了

宝宝在 6 个月添加辅食之后，主食还应该是母乳或配方奶粉。如果这个时候宝宝不喝奶而只吃辅食，所需要的营养会跟不上，影响宝宝的生长发育。

一般来说，当宝宝的饮食规律了以后，即使添加了辅食，奶量也不会发生太大的变化，不会出现不喝奶的情况。有的宝宝在添加辅食之后不喝奶，可能是宝宝吃多了各种味道的辅食，对没味道的母乳或配方奶粉失去了兴趣。这种情况可以减少辅食量，或者在奶中适量加入香蕉泥、苹果泥等来调节奶的味道。

◎ 添加辅食之后出现便秘

有的宝宝在添加辅食之后会出现便秘的现象，主要表现有大便干燥或大便呈羊粪球样，排便困难，宝宝因此而烦躁，继而出现食欲下降的现象。

引起宝宝便秘的原因有很多，妈妈要根据宝宝的具体情况来具体分析。如果是因为辅食添加太多造成便秘，应减少辅食的添加量，多给宝宝喝水，还需要增加膳食纤维（如各种水果、蔬菜）的摄入，来调节大便性状。另外，要培养宝宝良好的排便习惯，逐渐形成定时排便的规律。每天给宝宝做腹部按摩也可以促进肠蠕动，有利于大便的排出。

食谱推荐

胡萝卜汁

材料：

胡萝卜 100 克

做法：

1. 将洗净的胡萝卜切成小块。

2. 取榨汁机，选择搅拌刀座组合，倒入切好的食材，注入少许纯净水，盖上盖，选择"榨汁"功能，榨取胡萝卜汁。

3. 断电后倒出胡萝卜汁，装入瓶中即可。

功效：

胡萝卜具有宽肠通便、利于五脏、补肝明目的功效，适合便秘、营养不良的宝宝食用。

材料：

胡萝卜 70 克，芹菜 60 克

做法：

1. 将洗净的胡萝卜切成小块，洗净的芹菜切小段。

2. 将胡萝卜块和芹菜段放入开水锅中煮熟，捞出。

3. 取榨汁机，选择搅拌刀座组合，倒入食材，注入少许纯净水，盖上盖，选择"榨汁"功能，榨取蔬菜汁。

4. 断电后倒出蔬菜汁，装入杯中即可。

功效：

胡萝卜、芹菜都含有丰富的铁，幼儿常食可以补血，有预防缺铁性贫血的作用。

胡萝卜芹菜汁

材料：

西红柿 70 克

做法：

1. 将洗净的西红柿切成小块。

2. 取榨汁机，选择搅拌刀座组合，倒入切好的食材，注入少许纯净水，盖上盖，选择"榨汁"功能，榨取西红柿汁。

3. 断电后倒出西红柿汁，装入杯中即可。

功效：

西红柿具有清热解暑、除烦解渴等功效。

西红柿汁

玉米汁

材料：

鲜玉米粒 100 克

做法：

1. 将鲜玉米粒洗净。

2. 取榨汁机，选择搅拌刀座组合，倒入玉米粒，注入少许纯净水，盖上盖，选择"榨汁"功能，榨取玉米汁。

3. 断电后倒出玉米汁，装入杯中即可。

功效：

玉米含有无机盐、胡萝卜素、维生素 E 等，有开胃益智的功效，适合宝宝食用。

材料：

菠菜 90 克，大米 50 克

做法：

1. 汤锅中注水烧开，放入洗净的菠菜，烫煮断生，捞出放凉，切成小段。

2. 取榨汁机，将菠菜段榨成汁，倒入碗中。

3. 汤锅中注水烧开，倒入洗净的大米，煮约 20 分钟，倒出煮好的米汤。

4. 另起汤锅烧热，倒入米汤，放入菠菜汁煮沸，续煮片刻即成。

功效：

菠菜富含维生素 A、B 族维生素、维生素 C、胡萝卜素和钙、磷、镁、铁、锌、铜等营养元素，能为幼儿的生长发育提供全面、充足的营养，有增强免疫力的作用。

菠菜米汤

小米胡萝卜泥

材料：

小米 80 克，胡萝卜 90 克

做法：

1. 洗好的胡萝卜切成粒，入蒸锅蒸熟后捣成泥状。

2. 砂锅中注水烧开，倒入洗净的小米，搅拌均匀，烧开后用小火煮约 40 分钟至小米熟软。

3. 放入胡萝卜泥，搅拌均匀，盛出装入碗中即可。

功效：

胡萝卜含有蔗糖、葡萄糖、胡萝卜素、钾、钙、磷等营养成分，具有增强免疫力、保护视力等功效，适合幼儿食用。

三、7～9个月宝宝辅食的制作

7～9个月的宝宝身体发育很快，所需要的营养也逐渐增加，辅食扮演着越来越重要的角色。这个月龄的宝宝日常饮食中，奶的比重逐渐下降，而辅食的比重逐渐升高，由此可见宝宝辅食的重要性。爸爸妈妈要根据宝宝的具体情况，逐渐增加宝宝的辅食种类和数量。

保证宝宝的辅食安全

这个时期宝宝需要的辅食从数量到种类都有所增加，而且多数需要自制。自制的宝宝辅食一定要确保安全。

首先，从制作到喂食的过程要干净卫生。给宝宝制作辅食的食材要新鲜，还要洗干净。给宝宝制作辅食的工具最好单独使用，如案板、刀子、勺子、汤锅等，都要冲洗干净，定期消毒，保证安全卫生。

其次，给宝宝烹饪的食材要选择新鲜的。不新鲜的食材无论在营养上还是在味道上都不如新鲜的，而且很容易被细菌感染。

宝宝吃肉注意事项

宝宝长到7个月就已经可以消化肉类了。很多爸爸妈妈低估了宝宝的消化能力，只给宝宝喝点肉汤，认为肉汤的营养是最丰富的，其实这是错误的。肉汤的营养是无法代替肉的，虽然肉汤味道比较鲜美，但是大部分的营养都在肉里面。最科学的方法就是让宝宝既喝汤又吃肉，全面吸收营养。

妈妈给宝宝准备肉泥的时候,有一些问题需要注意。第一,肉要先切成末儿,再煮熟或蒸熟喂给宝宝,切的时候要垂直于肉纤维来切,以免宝宝嚼不烂;第二,最开始先喂一点让宝宝尝尝,并且关注宝宝的消化是否正常,如果没有异常,再慢慢加量;第三,要变换花样,为了增加宝宝的食欲,妈妈们可以在保证肉类营养的前提下,变换花样给宝宝烹饪。肉类也可以搭配其他的食物一起吃,以免宝宝挑食、偏食。

辅食喂养误区要避免

喂宝宝辅食时,常会存在一些误区。这些误区如果不及时纠正,非常不利于宝宝的成长。

◎ 边逗宝宝边喂食

很多家长喜欢在给宝宝喂食的时候逗宝宝,这样的做法是错误的。宝宝在吃饭的时候不要逗宝宝笑,更不能惹宝宝哭,以免食物呛到气管。宝宝吃饭的时候不要过度关注他,也不要拿着玩具逗他,否则宝宝会养成吃饭不专心的坏习惯。

◎ 辅食制作太精细

7～9个月的宝宝,牙齿生长的速度相对较快,辅食的制作就不需要太精细了。除了不能吃花生、瓜子等比较硬的食物外,大人们平时吃的东西都可以让宝宝逐渐尝试着吃,只是要处理好食物,注意安全。如果此时还继续给

宝宝吃过于精细的辅食，就会使宝宝的咀嚼、吞咽功能得不到应有的训练，不利于牙齿的萌出和正常排列。

◉ 用大人嚼过的食物喂宝宝

现在年轻的父母都知道这种做法是错误的，但是一些老人带孩子的时候还是会把食物嚼碎后喂给宝宝。实际上，大人口腔中的病菌会通过咀嚼后的食物传染给宝宝，大人免疫力强，能够不生病，而宝宝免疫力弱，病菌进入体内易引发疾病。

这个时期的宝宝完全可以自己完成咀嚼任务。让宝宝自己咀嚼，可以刺激牙齿生长，反射性地引起胃内消化液的分泌，并增加唾液分泌量。因此，用大人嚼过的食物喂宝宝是非常不好的。年轻的爸爸妈妈要关注宝宝的一日三餐，并且要把这些道理解释给老人听。

食谱推荐

苹果糊

材料：
糯米 100 克，苹果 80 克

做法：
1. 将洗净去皮的苹果切开，去除果核，改切小块。
2. 锅中注入适量清水烧开，放入洗净的糯米搅散，烧开后转小火煮约 40 分钟，关火后盛入碗中，放凉。
3. 倒入苹果块，搅匀，制成苹果粥，再放入榨汁机，搅成糊。
4. 锅置于大火上，倒入苹果糊，边煮边搅拌，待苹果糊煮沸后关火，盛入小碗中，稍微冷却后即可食用。

功效：
糯米含有蛋白质、B 族维生素、糖类、钙、磷、铁等营养成分，具有健脾养胃、止虚汗等功效，对食欲不佳、腹胀腹泻等症状也有一定的缓解作用。

梨子糊

材料：

梨子 30 克，粳米粉 40 克

做法：

1. 将梨子洗净后去皮、去核，切碎。

2. 锅置于火上，注入适量清水，倒入粳米粉，用中火搅拌约 3 分钟至粳米粉溶化，放入梨子碎，搅拌约 3 分钟，至食材熟透入味。

3. 关火后盛出煮好的梨子糊，用过滤网过滤到碗中，再将梨子糊倒入锅中，拌匀，用小火煮约 15 分钟至梨子糊黏稠。

4. 关火后盛出煮好的梨子糊，装入碗中即可。

功效：

梨味道鲜美，肉脆多汁，酸甜可口，富含糖类、蛋白质及多种维生素，对人体健康有重要作用，其清肺、养肺的功效尤为显著。

三文鱼碎

材料：

三文鱼肉 120 克

做法：

1. 蒸锅上火烧开，放入处理好的三文鱼肉。

2. 盖上锅盖，用中火蒸约 15 分钟至熟。

3. 揭开锅盖，取出三文鱼放凉。

4. 取一个干净的大碗，放入三文鱼肉，压碎即可。

功效：

三文鱼含有蛋白质、不饱和脂肪酸、维生素 D 等营养成分，能促进机体对钙的吸收利用，有助于生长发育。

苹果西红柿汁

材料：

苹果 35 克，西红柿 60 克

做法：

1. 将洗净去皮的苹果切开，去除果核，切成小丁。

2. 洗好的西红柿切开，去除蒂部，切成丁，放入盘中。

3. 取榨汁机，选择搅拌刀座组合，倒入切好的苹果丁、西红柿丁，注入少许温开水。

4. 盖上盖，榨取蔬果汁，倒出榨好的蔬果汁，装入杯中即可。

功效：

西红柿含有胡萝卜素、柠檬酸、维生素、无机盐等营养成分，具有健胃消食、生津止渴、清热解毒等功效，适合幼儿食用。

材料：

香蕉 150 克，大米 100 克

做法：

1. 香蕉切丁。

2. 砂锅中注入适量清水烧开，倒入大米，拌匀，大火煮 20 分钟至熟，放入香蕉丁续煮 2 分钟至食材熟软。

3. 关火，将煮好的粥盛出，装入碗中即可。

功效：

香蕉含有糖类、蛋白质、维生素C 及钾、磷、镁、钙等营养成分，具有降低血压、补充能量、润滑肠道等功效。

香蕉粥

材料：

土豆 250 克，配方奶粉 15 克

做法：

1. 将适量温开水倒入配方奶粉中，搅拌均匀。

2. 洗净去皮的土豆切成片，放入烧开的蒸锅中，用大火蒸 30 分钟，取出放凉，将土豆压成泥，放入碗中。

3. 将调好的配方奶倒入土豆泥中，搅拌均匀即可。

功效：

土豆含有氨基酸、B 族维生素、膳食纤维及多种微量元素，具有健脾和胃、益气调中等功效。

奶香土豆泥

四、10～12个月宝宝辅食的制作

10～12个月的宝宝，辅食已经占到饮食的2/3，所以宝宝饮食的均衡、营养、安全越来越重要。这一时期的辅食既要顾及宝宝消化系统的发育情况，又要有意识地锻炼宝宝的牙床和咀嚼能力。另外，在辅食摄入量大量增加时，宝宝可能反而会比之前瘦一些，这些情况需要爸爸妈妈仔细观察，并且注意宝宝饮食中的均衡营养，重点补充B族维生素和硒，以促进宝宝的生长发育。

宝宝辅食以细碎为主

10～12个月的宝宝处于婴儿期的最后阶段，生长速度不如从前，每天需要的营养2/3来自辅食，所以辅食添加一定要丰富。此时鱼、肉、蛋等各种食物都可以吃了，而且宝宝已学会用牙床咀嚼食物，多刺激牙床可以促进宝宝牙齿的发育。此时宝宝的摄乳量明显减少，辅食质地以细碎为主，不必制成泥糊状了。这时的辅食应由细变粗，不应再一味地剁碎研磨，软面条、肉末蔬菜粥就是不错的选择。这一阶段可逐渐增加食物的量和体积，如此不仅能锻炼宝宝的咀嚼能力，还能帮助他们磨牙，促进牙齿发育。有些蔬菜只要切成薄片即可。妈妈制作辅食时，采用蒸、煮的方式比炒、炸的方式能保留更多营养元素。

最好给宝宝吃带果皮的水果

水果中含有人体需要的维生素C，适量吃水果对身体有益，尤其是果皮中，维生素含量更为丰富，很多水果的精华部分都在其果皮中，例如苹果。但在给宝宝食用水果前，要清洗干净，以免果皮上的细菌或农药残留物损害宝宝的身体健康。

进食水果的时间也有讲究。忌饭后立即吃水果。饭后立即吃水果不但不会助消化，反而会造成胀气和便秘。因此，给孩子吃水果宜在饭后2小时或饭前1小时。吃水果后告诉宝宝要及时漱口，有些水果含有多种发酵糖类物质，对宝宝的牙齿有较强的腐蚀性，食用后若不漱口，口腔中的水果残渣易造成龋齿。有些家长为了达到清洗消毒的目的，会用酒精清洗水果，酒精虽能杀死水果的表层细菌，但会引起水果色、香、味的改变，且酒精和水果中的酸起反应，会降低水果的营养价值。

为什么添加辅食后，宝宝反而瘦了

宝宝在添加辅食的过程中，都要有一个适应的阶段，就像植物要适应水土一样。在开始添加辅食的阶段，食物的烹调一定要适合宝宝消化的特点，过早摄入不能消化的食物，会吸收少、排出多，造成宝宝营养吸收不够，使宝宝变瘦。另外，由于妈妈产乳量减少，辅食添加不当或其他原因，影响了孩子正常的奶摄入量，会造成营养吸收不足，孩子也有可能变瘦。辅食添加不够，母乳喂养的孩子对于辅食的适应过程较慢，造成发育所需的营养不足，缺铁、缺锌，能量不够，也会造成孩子变瘦。还有就是6个月以后，孩子从母体带来的抗体逐渐消失，孩子的免疫力变差，容易生病，影响了生长发育和食欲，宝宝也会变得消瘦。

此时，父母不要慌张，只要宝宝精神良好，胃肠功能正常，没有腹胀、腹泻或便秘的情况出现，就可以继续正常添加辅食。待宝宝适应一段时间后，体重自然就会增长。

宝宝要补硒

硒是人体的重要微量元素，是人体免疫调节的营养素，同时具有保证心肌能量供给、改善心肌代谢、保护心脏的功能。缺乏硒的宝宝，轻者容易生病、厌食，重者免疫力低下，影响宝宝的生长发育。

硒对于视觉器官的发育极为重要，眼球活动的肌肉收缩，瞳孔的扩大和缩小，都需要硒的参与。硒也是机体内一种非特异性抗氧化剂的重要组成部分之一，而这种物质能清除体内的过氧化物和自由基，使眼睛免受伤害。硒同时还能增强宝宝的智力和记忆力，促进大脑的发育。因此，补硒应该从添加辅食做起。

硒存在于很多食物中，含量较高的有鱼类、虾类等水产品，其次为动物的心、肾、肝脏。蔬菜中含量最高的为大蒜、蘑菇，其次为豌豆、大白菜、南瓜、萝卜、西红柿等。一般而言，人对植物中有机硒的利用率较高，可以达到 70% ~ 90%，而对动物制品中硒的利用率较低，只有 50% 左右，所以还是应该多吃蔬菜。

食谱推荐

山药鸡蛋糊

材料：

山药 120 克，鸡蛋 1 个

做法：

1. 将去皮洗净的山药对半切开，切成片，装入盘中。

2. 将山药片和鸡蛋放入烧开的蒸锅中，用中火蒸 15 分钟至熟，取出。

3. 将山药片装入碗中，压碎、压烂；鸡蛋剥去外壳，取蛋黄，放入山药泥中，充分搅拌均匀即可。

功效：

山药含有淀粉酶、多酚氧化酶等物质，有利于脾胃消化。此外，山药还含有大量的黏液蛋白及微量元素，能很好地辅助治疗小儿腹泻。

材料：

橙子 180 克，蛋液 90 克

做法：

1. 洗净的橙子切去头尾，在其三分之一处切开，挖出果肉，制成橙盅和盅盖；将橙子果肉切成碎末。

2. 取碗，倒入蛋液，放入橙子肉，用筷子搅拌均匀，再注入清水拌匀。

3. 取橙盅，倒入拌好的蛋液和橙子肉至七八分满，盖上盅盖，放入烧开的蒸锅中蒸 18 分钟，取出即可。

功效：

橙子含有丰富的钾，而且能补充水分和能量。

鲜橙蒸水蛋

核桃蒸蛋羹

材料：

鸡蛋 2 个，核桃碎适量

做法：

1. 取一空碗，打入鸡蛋，打散至起泡。
2. 蒸锅中注水烧开，揭盖，放入处理好的蛋液，盖上盖，用中火蒸 8 分钟，揭盖，取出蒸好的蛋羹，撒上核桃碎即可。

功效：

核桃含有蛋白质、不饱和脂肪酸、维生素 E、B 族维生素、钾、镁等营养物质，具有滋补肝肾、强健大脑等作用。

材料：

雪梨 35 克，胡萝卜 60 克

做法：

1. 将洗净的雪梨切开，去除果核，削去果皮，切小丁。
2. 洗好的胡萝卜切开，去除蒂部，切成丁，煮熟。
3. 取榨汁机，选择搅拌刀座组合，倒入切好的胡萝卜丁、雪梨丁，注入温开水。
4. 盖上盖，榨取蔬果汁，倒出榨好的蔬果汁，装入瓶中即可。

功效：

雪梨含有蛋白质、维生素、苹果酸、柠檬酸、胡萝卜素等营养成分，具有清热化痰、增进食欲、助消化等功效。

胡萝卜雪梨汁

肉酱花椰菜泥

材料：

土豆 120 克，花椰菜 70 克，肉末 40 克，鸡蛋 1 个，食用油
适量

做法：

1. 将去皮洗好的土豆切条，洗净的花椰菜切碎，鸡蛋取蛋黄。

2. 用油起锅，倒入肉末，翻炒至转色，倒入蛋黄，快速拌炒至熟，
把炒好的蛋黄肉末盛出。

3. 蒸锅置大火上，待水烧开，放上土豆条、花椰菜碎，盖上盖，
用中火蒸 15 分钟至食材完全熟透。

4. 把蒸熟的土豆条和花椰菜碎取出，用勺子压成泥，再加入炒
好的蛋黄肉末，快速搅拌均匀至入味即成。

功效：

花椰菜含有丰富的硒和维生素 C，同时还有丰富的胡萝卜素，
可促进骨骼及牙齿健康。

PART 3

第三章

幼儿期，让孩子享受吃饭的快乐

1～3岁的宝宝，牙齿陆续长出，摄入的食物也逐渐从以奶类为主转向以混合食物为主。但是此时宝宝的消化系统尚未完全成熟，因此还不能完全给宝宝吃大人的食物，一定要根据宝宝的生理特点和营养需求，为他制作可口的食物，保证其获得均衡的营养。

一、幼儿期基本喂养原则

1～3岁的宝宝，奶类摄入量越来越少，大多数营养都需要在混合食物中获得。所以，这个时间段宝宝的饮食均衡尤其重要，既要粗细搭配，又要多吃促进智力发育的食物。

培养良好的饮食习惯

宝宝开始学吃饭时，每日进食时间要规律，平时不要吃垃圾食品。宝宝进食可以坐在专用的椅子中，同时避免电视和玩具的干扰。鼓励宝宝自己吃饭并且规定进食次数，避免四处撒放食物和整日无规律地分散喂养。同时，不要害怕宝宝吃饭弄脏衣物，要鼓励宝宝自主进食。自主进食不仅可以锻炼宝宝身体的协调能力，还可以增进宝宝进食的乐趣。

正确对待宝宝最初出现的"偏食"表现，态度既不可生硬，也不可娇纵。遇到宝宝爱吃的食物，不加以节制地令其食用，最终可能导致伤食；而宝宝不喜欢吃的东西，家长不予以引导，就会造成孩子营养不良。家长要以身作则，不要在宝宝面前表现出对食物的喜或厌，也不要对于食物妄加评论。

适当补铜，促进智力发育

铜是人体健康不可缺少的微量元素，对于血液、中枢神经和免疫系统，头发和骨骼组织以及大脑和肝、心等内脏的发育和功能都有重要影响。

婴幼儿容易患有缺铜性贫血。新生儿最初几个月不会发生缺铜的现象，体内代谢所需的铜基本上是胎儿期肝脏中贮藏的铜。随着宝宝的成长，母乳中含铜量较少，因此，给宝宝补充铁质时，也要适当补充铜。铜的一般来源有香蕉、牛肉、面包、干果、蛋、鱼、羊肉、花生酱、猪肉、鸡肉、萝卜等。

补充维生素K、维生素D

维生素 K 又叫凝血维生素，具有防止新生婴儿出血性疾病、促进血液正常凝固的作用。绿色蔬菜中所含有的维生素 K 较多。维生素 K 缺乏症是由于缺乏维生素 K 引起的凝血障碍性疾病，如果孩子患病，可能会流血不止、腹泻、抽搐、脑水肿，严重者可以导致死亡或留下神经系统后遗症。维生素 K 主要的食物来源为牛肝、鱼肝油、蛋黄、海藻、菠菜、卷心菜、花椰菜、豌豆、香菜、大豆油等。

维生素 D 为固醇类衍生物，具有抗佝偻病的作用。婴幼儿若是在平时没有得到足够的光照，身体无法合成足够的维生素 D，会影响身体对钙的吸收，引起缺钙的现象，严重者会导致佝偻病的发生。食物中的维生素 D 主要存在于海鱼、动物肝脏、蛋黄和瘦肉中。

多吃健脑益智的食物

孩子3岁左右时，脑发育已经达到高峰。即使身高、体重仍不断增长，脑重量的增加也很缓慢了。宝宝0～2岁时脑重快速增长，刚出生的宝宝脑重量为成人的25%，2～4岁时脑重量达到成人的80%，4～7岁时脑重量达到成人的90%。因此，在宝宝1～3岁这个阶段，要给宝宝多补充健脑益智类的食物，为大脑的快速发育提供能量。

宝宝的脑部发育需要哪些营养呢？

①蛋白质——蛋白质提供的氨基酸可影响神经传导物质的制造。

②糖类（含糖类的食物）——大脑的表现也同样受糖类的影响，如果血糖过低，脑细胞就会因为能源不足而失去功能。

③卵磷脂——卵磷脂与细胞膜的生成有关，是一种帮助人体制造脑部神经信号传递物质（乙酰胆碱）的重要成分。

④油脂类物质（含不饱和脂肪酸的食物）——胎儿脑部60%是脂肪结构，而不饱和脂肪酸是帮助胎儿脑细胞膜发育及形成脑细胞、脑神经纤维与视网膜的重要营养素。

这些营养元素都可以从常见的食材中获得，例如五谷类：黄豆、小麦等；肉类：鸡肉、鱼肉、牛肉等；水果类：苹果、火龙果等；蔬菜类：菠菜、白菜等；还有坚果类，都有健脑益智的作用。

多吃鱼

鱼肉营养丰富，属于优质蛋白质，且易被人体吸收。对处于发育阶段的宝宝来说，机体对蛋白质的需求较多，可以通过鱼肉补充。深海鱼类的脂肪中DHA（二十二碳六烯酸，俗称"脑黄金"）含量是陆地动植物脂肪的 2.5 ~ 100 倍。经常吃鱼，特别是海鱼，可以获得充足的DHA。DHA还是脑细胞膜中磷脂的重要组成部分，是促进脑部发育的营养素。因此，海水鱼中的DHA含量高，多吃对提高记忆力和思考能力非常重要。

由于宝宝太小，食用鱼类还是要特别注意安全。家长在购买鱼的时候，不妨挑一些鱼刺较少、较大及容易剔刺的鱼，处理的时候要非常细心，一定要保证把鱼刺剔除干净后再给孩子吃。孩子在吃鱼的时候，要专心致志，细嚼慢咽。另外一点需要注意的是，给宝宝吃的鱼一定要熟透。另外，尽量采用清蒸或烤的烹饪方式，避免油炸，以保留最多的营养。

不宜摄入糖分较高的食物

幼儿一般都很喜欢糖分含量高的食物，如果汁、甜点等。但是，幼儿如果糖分摄入量过多，会导致很多健康问题。除了常见的肥胖问题之外，还有糖尿病、牙齿和骨骼发育不良等。

宝宝摄入过多糖分，一方面容易满足食欲，刺激胃肠道产生腹泻、消化不良等现象，使宝宝不愿再进食其他食物，从而造成食欲缺乏，长此以往会导致营养不均衡，甚至出现营养缺乏症；另一方面，由于糖中热量较高，若长期食用，当其供给的能量超过机体需要时，就会转化为脂肪储存于体内，从而造成孩子体重增加，肌肉松弛，继而出现肥胖症，影响身体其他器官的发育。另外，甜食不仅会让味觉变得迟钝，还会影响脑垂体分泌生长激素，生长激素水平低，会直接影响孩子长高。同时，糖分在口腔中溶解后还可能腐蚀牙齿，使宝宝患龋齿。因此，这个时期的宝宝不适宜摄入糖分较高的食物。

二、1~2岁幼儿一周食谱推荐

1～2岁的宝宝已经可以吃很多种食物了，要注意营养均衡，培养良好的饮食习惯，少吃零食。需要注意的是，宝宝的胃容量有限，进食宜少吃多餐。

1岁半以前可以给宝宝在三餐以外加两次零食；1岁半以后减为三餐一点，点心时间可在下午。加点心时要注意以下两点：一是点心要适量，不能过多；二是时间不能距正餐太近，以免影响正餐食欲。不能随意给宝宝零食，否则时间长了会造成营养失衡。要多吃水果蔬菜，多摄入动植物蛋白，补充适当牛奶，粗粮和细粮都要吃。

西红柿肉末

DAY
1

材料：

西红柿 100 克，猪瘦肉 200 克，洋葱 40 克，蒜末、葱段、番茄酱各少许，水淀粉 8 毫升，料酒 10 毫升，鸡粉、盐各适量

做法：

1. 洗好的西红柿切成小块；洋葱切圈；猪瘦肉剁成末，装入碗中，加少许盐、鸡粉、水淀粉拌匀腌渍。

2. 起油锅，倒入肉末，快速翻炒至变色，放入蒜末、葱段，翻炒出香味，淋入料酒，炒匀。

3. 加入适量盐、鸡粉、番茄酱，炒匀调味，倒入水淀粉，快速翻炒均匀，关火后盛出，放上洋葱圈、西红柿块即可。

功效：

西红柿富含维生素 A、B 族维生素、维生素 C、胡萝卜素和钙、磷、镁、铁、锌、铜等营养元素，能为幼儿的生长发育提供全面、充足的营养，有增强免疫力的作用。

虾仁炒面

材料：

豆腐 260 克，西红柿 65 克，鸡蛋 1 个，水发紫菜 200 克，葱花少许，盐、鸡粉各 2 克，芝麻油、水淀粉、食用油各适量

做法：

1. 洗净的西红柿切小丁；豆腐切小方块；鸡蛋打入碗中，打散调匀，制成蛋液。

2. 锅中注入适量清水烧开，倒入少许食用油，放入切好的西红柿丁，略煮片刻，再倒入豆腐块，加入少许鸡粉、盐，放入紫菜，用大火煮约 1 分 30 秒至食材熟透，倒入水淀粉勾芡，倒入蛋液搅拌至蛋花成形，淋入少许芝麻油，搅拌匀至食材入味。

3. 关火后盛出煮好的食材，装入碗中，撒上葱花即可。

功效：

紫菜中含有丰富的铁元素，能促进机体内血红蛋白的形成，有利于促进造血干细胞的造血功能，可预防贫血。

材料：

熟面条 150 克，虾仁 100 克，胡萝卜、黄彩椒、红彩椒、葱花各适量，盐 2 克，生抽、芝麻油、料酒、食用油各适量

做法：

1. 洗净的胡萝卜切丝，黄彩椒、红彩椒切丝。

2. 沸水锅中倒入胡萝卜丝，焯煮一会儿至断生，捞出沥干水分。

3. 用油起锅，倒入适量葱花，爆香。

4. 倒入熟面条，翻炒约 1 分钟，加入生抽、芝麻油，炒匀，将炒好的面条盛入碗中。

5. 另起锅注油，倒入葱花、胡萝卜丝、黄彩椒丝、红彩椒丝、虾仁，炒匀，加入料酒、清水、盐，炒匀约 1 分钟至入味，将食材盛出，浇在面上即可。

功效：

虾仁含有蛋白质、维生素 A、维生素 C、钙、镁、硒、铁、铜等营养成分，具有益气补血、清热明目等功效。

紫菜豆腐羹

土豆疙瘩汤

DAY
2

材料:

土豆 40 克, 南瓜 45 克, 水发粉丝 55 克, 面粉 80 克, 蛋黄、葱花各少许, 盐、食用油各适量

做法:

1. 将去皮洗净的土豆、南瓜切条; 洗好的粉丝切成小段, 装入碗中, 倒入蛋黄、盐、面粉, 搅至起劲, 制成面团。

2. 煎锅中注入少许食用油烧热, 放入土豆条、南瓜条翻炒几下, 关火后盛出。

3. 汤锅中注入适量清水烧开, 再把备好的面团用小汤勺分成数个剂子, 下入锅中, 轻轻搅动, 用大火煮约 2 分钟至剂子浮起。再放入炒过的食材, 大火煮开, 盐调味, 盛出, 撒上葱花即可。

功效:

土豆是人们常食的蔬菜之一, 它的营养价值极高, 富含蛋白质、磷、钙、维生素等营养成分。婴幼儿食用土豆, 既可以补充身体所需的钙, 又能开胃健脾, 增强抗病能力。

肉末茄泥

材料：

肉末 90 克，茄子 120 克，油菜少许，盐、生抽、食用油各适量

做法：

1. 将洗净的茄子去皮，切成段，再切成条；油菜切丝，再切成粒。

2. 把茄子条放入烧开的蒸锅中，盖上盖子，用中火蒸 15 分钟至熟，取出，剁成泥。

3. 用油起锅，倒入肉末，翻炒至松散、转色，放入生抽，炒匀、炒香，放入切好的油菜粒，炒匀。

4. 把茄子泥倒入锅中，加入少许盐，翻炒均匀，盛出装盘即可。

功效：

茄子营养丰富，含有蛋白质、脂肪、维生素及钙、磷、铁等营养成分，有清热解暑的作用，适合容易长痱子的幼儿食用。

材料：

莲藕 150 克，西瓜 200 克，大米 200 克

做法：

1. 洗净去皮的莲藕切成片，再切条，改切成丁；西瓜切成瓣，去皮，再切成块。

2. 砂锅中注入适量清水烧热，倒入洗净的大米搅匀，盖上锅盖，煮开后转小火煮 40 分钟至其熟软，揭开锅盖，倒入莲藕丁、西瓜块，再盖上锅盖，用中火煮 20 分钟。

3. 揭开锅盖，搅拌均匀，关火后将煮好的粥盛出，装入碗中即可。

功效：

莲藕含有淀粉、蛋白质、维生素 B$_1$、维生素 C 及多种无机盐，具有生津止渴、健脾开胃、养血补心等功效。

藕丁西瓜粥

三文鱼汤

材料：

三文鱼 100 克，胡萝卜 120 克，土豆 100 克，姜片、葱花各少许，盐、鸡粉各 3 克，水淀粉 3 毫升，食用油适量

做法：

1. 洗净去皮的胡萝卜切片，土豆、三文鱼切块。

2. 把三文鱼装入碗中，加入适量盐、鸡粉、水淀粉，拌匀，倒入适量食用油，腌渍 10 分钟。

3. 锅中注水烧开，倒入适量食用油，加入少许盐、鸡粉，倒入胡萝卜片、土豆块，搅匀，盖上盖子，煮至熟透。

4. 放入姜片、三文鱼块，搅匀，煮至熟，搅拌一会儿使食材入味，装入碗中，撒上葱花即可。

功效：

三文鱼富含不饱和脂肪酸，还含有丰富的维生素 A、钙、铁、锌、镁、磷等无机盐，其肉质细嫩，口感爽滑，非常适合儿童食用。

牛奶鸡蛋小米粥

材料：

小米 180 克，鸡蛋 1 个，牛奶 160 毫升

做法：

1. 把鸡蛋打入碗中，搅散调匀，制成蛋液。

2. 锅中注水烧热，倒入小米，大火烧开后转小火煮约 55 分钟至米粒变软。

3. 倒入备好的牛奶拌匀，大火煮沸，再倒入备好的蛋液拌匀，转中火煮至液面呈现蛋花，关火后盛出煮好的小米粥，装在小碗中即可。

功效：

小米粥有安神助眠的作用，其含有丰富的 B 族维生素，可以促进肠胃蠕动，增进食欲。

材料：

白萝卜 55 克，胡萝卜 60 克，大米 95 克，紫菜碎 15 克

做法：

1. 洗净去皮的白萝卜和胡萝卜切丁。

2. 砂锅中注水烧开，倒入泡好的大米，搅匀，放入白萝卜丁和胡萝卜丁，搅拌均匀，用大火煮开后转小火煮 45 分钟至食材熟软。

3. 倒入紫菜碎，搅匀，焖 5 分钟至紫菜味香浓，关火将煮好的紫菜萝卜饭装碗即可。

功效：

紫菜当中含有丰富的碘元素，而碘是合成体内甲状腺素非常重要的原料，所以适当吃一点紫菜补充体内的碘元素，能够促进甲状腺素生成，进而让体内的合成代谢更加有效。

紫菜萝卜饭

南瓜燕麦早餐奶

DAY
4

材料：

牛奶 600 毫升，南瓜 300 克，燕麦片 50 克，腰果 20 克，红糖 5 克

做法：

1. 将南瓜切片。

2. 牛奶倒入锅中煮沸，放入南瓜片煮熟。

3. 将煮熟的牛奶和南瓜倒入料理机，加入燕麦片和红糖、腰果，搅拌成糊。

4. 倒入碗中，撒上适量燕麦片装饰即可。

功效：

燕麦营养成分高，含有膳食纤维、蛋白质、钙、铁、钠、钾及多种维生素，同时含有其他食材少有的酚类、亚油酸和皂苷等，是一种低糖、高营养、高能食品，具有补虚、降糖、减肥、排毒、防止贫血、滋润肌肤等作用。

材料：

葡萄 100 克，火龙果 300 克

做法：

1. 洗好的火龙果切去头尾，切成瓣，去皮，再切成小块；葡萄洗净，去皮。

2. 取榨汁机，选择搅拌刀座组合，倒入备好的火龙果块、葡萄，盖上盖，选择"榨汁"功能，榨成果泥。

3. 断电后将果泥倒出即可。

功效：

火龙果的糖分以葡萄糖为主，这种天然葡萄糖容易被人体吸收，适合宝宝食用。

火龙果葡萄泥

材料：

豆腐块 180 克，海带结 150 克，葱花少许，盐、鸡粉各 2 克，食用油适量

做法：

1. 油锅烧热，倒入豆腐块稍煎，注入适量清水煮开。

2. 倒入海带结，大火煮沸后转小火煮 15 分钟。

3. 加入盐、鸡粉调味，盛出后撒上葱花即可。

功效：

海带的含碘量十分丰富，缺碘的患儿更适合食用海带。

海带豆腐汤

香菇芹菜牛肉丸

DAY
5

材料：

香菇 30 克，牛肉末 200 克，芹菜、蛋黄各 20 克，姜末、葱末各少许，盐 3 克，鸡粉 2 克，生抽 6 毫升，水淀粉 4 毫升

做法：

1. 洗净的香菇切成丁，洗好的芹菜切成碎末。

2. 取一个碗，放入牛肉末、芹菜末，再倒入香菇丁、姜末、葱末、蛋黄，加入盐、鸡粉、生抽、水淀粉，搅匀，用手将其捏成丸子，放入盘中。

3. 蒸锅上火烧开，放入备好的牛肉丸，盖上锅盖，用大火蒸30 分钟至熟，关火后揭开锅盖，取出蒸好的牛肉丸即可。

功效：

香菇多糖具有重要的提高免疫力作用，可改善机体代谢，增强免疫能力。

材料：

熟黑芝麻粉 15 克，大米 500 克，牛奶 200 毫升

做法：

1. 砂锅中注水，倒入大米，加盖，用大火煮开后转小火续煮 30 分钟至大米熟软。

2. 揭盖，倒入牛奶，拌匀，加盖，用小火续煮 2 分钟至入味，倒入熟黑芝麻粉，拌匀，稍煮片刻。

3. 关火后盛出煮好的粥，装在碗中即可。

功效：

黑芝麻药食同源，主要功效是滋补肝肾之阴、润肠通便。

黑芝麻牛奶粥

材料：

豆腐 200 克，葱花、白芝麻各 10 克，盐、生抽、食用油各适量

做法：

1. 把豆腐切成方块。

2. 将豆腐块放入锅里用淡盐水煮一下，捞出，控干水分。

3. 油锅烧热，放入豆腐块，煎成金黄色，放到碗里，放盐、生抽、葱花、白芝麻，翻拌均匀即可。

功效：

豆腐营养丰富，含有大量优质蛋白质，其蛋白质的氨基酸组成与动物性蛋白质相似，并且人体对豆腐的消化吸收率非常高。

香煎豆腐

鸡肉虾仁粥

DAY
6

材料：

大米 100 克，鸡肉 85 克，虾仁 70 克，姜丝、葱花各少许，盐、鸡粉、水淀粉、芝麻油各适量

做法：

1. 将洗净的鸡肉切小块，洗好的虾仁切开，去除虾线。

2. 虾仁和鸡肉块装入碗中，加入盐、鸡粉、水淀粉，拌匀腌渍约 10 分钟，至其入味。

3. 砂锅中注入清水烧开，倒入洗净的大米，拌匀，煮约 30 分钟，至米粒变软。

4. 加入姜丝、虾仁、鸡肉块，拌匀，煮至食材熟透，放入盐、鸡粉、芝麻油，拌匀，续煮片刻，盛出煮好的虾仁粥，撒上葱花即成。

功效：

虾仁含有谷氨酸、糖类、烟酸及硒、磷、铁等营养成分，还含有较多的镁元素，对改善心脏功能很有益处。

香菇蒸鹌鹑蛋

材料：

香菇 100 克，鹌鹑蛋 200 克，油菜 1 棵，红彩椒、葱花各适量，盐、生抽、水淀粉各少许

做法：

1. 香菇去掉把，放到水里焯 2 分钟；油菜去叶，切成花形，焯水；红彩椒切丁。
2. 香菇切平摆在盘子里，把鹌鹑蛋打到香菇中间，放入蒸锅，水开后蒸 5 分钟取出。
3. 锅中加水、盐、生抽搅匀，再加入水淀粉搅匀，最后加入红彩椒丁、葱花搅匀，出锅淋在香菇上，盘中摆上油菜即可。

功效：

香菇本身含有芬香类物质，通过刺激味蕾，进而能够让挥发性的香味在调理脾胃方面的作用更加明显。

材料：

土豆 100 克，胡萝卜 50 克，卷心菜 120 克，西红柿 260 克，西芹、洋葱各 50 克，葡萄籽油 10 毫升，盐 3 克，黑胡椒粉、食用油各适量，番茄酱 15 克

做法：

1. 将所有蔬菜切小块。
2. 油锅烧热，将洋葱炒香，加入西红柿和葡萄籽油，加入土豆块、卷心菜块、胡萝卜块、西芹块和水，煮 15 分钟。
3. 加入盐、黑胡椒粉、番茄酱，再煮 3 分钟即可。

功效：

卷心菜含有丰富的维生素 A、钙、磷等营养元素，这些都是促进骨骼发育的主要营养物质。

全素罗宋汤

鸡蛋煎饼

DAY
7

材料：

苹果 90 克，鸡蛋 2 个，玉米粉、面粉各 60 克，橄榄油 5 毫升

做法：

1. 将洗净的苹果切成小块，加清水用榨汁机打成汁；鸡蛋打散，装入碗中。

2. 将面粉倒入碗中，加入玉米粉、鸡蛋液、苹果汁，拌匀成面糊。

3. 煎锅中注入橄榄油烧热，倒入面糊，煎至两面呈焦黄色。

4. 把煎好的饼取出，装入盘中即可。

功效：

鸡蛋含有脂溶性维生素、单不饱和脂肪酸、卵磷脂、磷、铁等营养成分，具有促进大脑和骨骼发育的功效。

南瓜大米粥

材料：

大米 100 克，南瓜 150 克，冰糖 15 克

做法：

1. 南瓜去皮，切小块。

2. 砂锅中注水烧开，倒入泡好的大米，拌匀，盖上盖，用大火煮开后转小火续煮 30 分钟至熟。

3. 揭盖，倒入南瓜块，续煮 20 分钟至食材软糯。

4. 加入冰糖，搅拌至溶化，关火后盛出煮好的粥，装碗即可。

功效：

南瓜能促进肠道蠕动，预防和治疗便秘，南瓜瓤当中也含有丰富的膳食纤维，有很好的刺激肠道蠕动的作用。

材料：

圣女果 100 克，马蹄 120 克，甘蔗 110 克

做法：

1. 洗净去皮的马蹄对半切开；处理好的甘蔗切条，再切成小块；圣女果洗净，备用。

2. 备好榨汁机，倒入甘蔗块，倒入适量的凉开水，盖上盖，调转旋钮至 1 档，榨取甘蔗汁，将榨好的甘蔗汁滤入碗中。

3. 在榨汁机中倒入圣女果、马蹄块，倒入榨好的甘蔗汁，盖上盖，调转旋钮至 1 档，榨取果汁。

4. 将榨好的果汁倒入杯中即可。

功效：

圣女果含有维生素 C、番茄素、胡萝卜素、蛋白质等营养成分，具有促进食欲、清热解毒、健胃等功效。

圣女果甘蔗马蹄汁

三、2～3岁幼儿一周食谱推荐

2～3岁的宝宝日常饮食需要粗粮、细粮相搭配，多摄入新鲜的水果、蔬菜，多吃些健脑益智的食物，如核桃、鱼等。日常人们摄入的粮食大体分为粗、细两种，粗粮指玉米、小米、高粱、豆类等，细粮指精制的大米及面粉。2～3周岁的幼儿仍处于快速生长发育期，在此期间，保证饮食平衡合理对其健康成长至关重要。

一些父母错误地认为越精细、越高级的食物越有营养，因此，在给宝宝制作食物时总是精益求精地给宝宝补充高能量、高蛋白的食物，从而使许多宝宝营养过剩、体重超标，影响身体发育。另外，食物经过精细加工后会失去多种营养成分，容易造成营养成分单一，这与幼儿成长对营养多样化的要求不相符合。

此外，因为粗粮中含有很多膳食纤维，饮食的粗细搭配可以有效促进胃肠的蠕动，加速新陈代谢，促进肠道对营养物质的吸收，继而预防便秘。所以，幼儿饮食必须要注意粗细搭配。

鲜橙汁

DAY 1

材料：
橙子 150 克

做法：
1. 将洗净的橙子去皮，切开，切成小瓣。
2. 取榨汁机，选择搅拌刀座组合，倒入切好的食材，注入少许纯净水，盖上盖，选择"榨汁"功能，榨取果汁。
3. 断电后倒出果汁，装入杯中即可。

功效：
饭后食橙子或饮橙汁，有解油腻、消积食、止渴的作用。

牛奶蒸鸡蛋

材料：

鸡蛋2个，牛奶250毫升，提子、哈密瓜各适量，白糖少许

做法：

1. 把鸡蛋打入碗中，打散调匀；将洗净的提子对半切开；用挖勺将哈密瓜挖成小球状。
2. 把白糖倒入牛奶中，搅匀，加入蛋液，搅拌均匀。
3. 取出电饭锅，倒入适量清水，放上蒸笼，放入调好的牛奶蛋液，盖上盖子，蒸20分钟，把蒸好的牛奶鸡蛋取出。
4. 放上切好的提子和挖好的哈密瓜即可。

功效：

鸡蛋和牛奶都是富含营养的食物。鸡蛋中的高蛋白和多种氨基酸，对人体的新陈代谢起着重要作用；牛奶钙质丰富，能够强健骨骼。两者蒸成蛋羹，再加上新鲜的哈密瓜和提子，可谓是一道清爽的营养佳品。

材料：

土豆300克，鸡汁100毫升

做法：

1. 洗净去皮的土豆切成大块，放入蒸锅中蒸熟。
2. 备1个保鲜袋，装入晾凉的土豆块，用手按压至土豆成泥状，取出装盘。
3. 锅中倒入鸡汁，开火加热，放入土豆泥，搅拌均匀至收汁。
4. 关火后盛出拌好的土豆泥，装碗即可。

功效：

土豆含有蛋白质、淀粉、维生素A、维生素C及无机盐等多种营养物质，具有健脾和胃、益气调中、通利大便等食疗作用。

鸡汁拌土豆泥

鸡蛋胡萝卜泥

DAY 2

材料：

胡萝卜 100 克，豆腐 120 克，鸡蛋 1 个，盐少许，食用油适量

做法：

1. 将洗净的胡萝卜切丁，放入烧开的蒸锅中，中火蒸 10 分钟。

2. 放入豆腐，用中火继续蒸 2 分钟至其熟透。

3. 把蒸好的胡萝卜丁和豆腐取出，分别剁成泥状。

4. 鸡蛋打入碗中，打散调匀。

5. 用油起锅，倒入胡萝卜泥、豆腐泥，加适量清水，拌炒片刻，调入少许盐，再倒入备好的蛋液，快速搅拌至蛋液熟透即可。

功效：

胡萝卜含有较多的钙、磷、铁等无机盐，其所含的胡萝卜素进入人体内可转变为维生素 A，有保护眼睛、促进生长发育、抵抗传染病等作用，是小儿不可缺少的维生素。

材料：

西瓜 400 克

做法：

1. 洗净去皮的西瓜切小块。

2. 取榨汁机，选择搅拌刀座组合，放入西瓜块，加入少许矿泉水。

3. 盖上盖，选择"榨汁"功能，榨取西瓜汁，倒入杯中即可。

功效：

西瓜有清热解毒、利水消肿的功效。

西瓜汁

材料：

土豆 250 克，黄瓜 200 克，小麦面粉 150 克，生抽 5 毫升，盐、鸡粉、食用油各适量

做法：

1. 洗净去皮的土豆切丝，黄瓜切丝。

2. 取个大碗，倒入小麦面粉、黄瓜丝、土豆丝，注入适量清水，搅拌均匀制成面糊，加入少许生抽、盐、鸡粉，搅匀调味。

3. 锅注油烧热，倒入制好的面糊，烙制面饼，煎至熟透，两面呈现金黄色，盛出放凉，切成三角状，装入盘中即可食用。

功效：

黄瓜作为瓜茄类的蔬菜之一，含有非常丰富的水分，并且含有天然的清甜味，具有解渴、清热的作用。

土豆黄瓜饼

材料：

西蓝花 100 克，鸡蛋 2 个，虾皮 10 克，面粉 100 克，食用油适量

做法：

1. 洗净的西蓝花切小朵；取一个碗，倒入面粉，加入盐，再打入一个鸡蛋拌匀，再打入另一个鸡蛋，倒入虾皮拌匀，放入西蓝花拌匀呈面糊。

2. 用油起锅，放入面糊铺平，煎约 5 分钟至两面呈金黄色，关火，取出煎好的蛋饼，装盘。

3. 将蛋饼放在砧板上，切去边缘不平整的部分，再切成三角状，将切好的蛋饼装盘即可。

功效：

本品有利于提高人体免疫功能，促进肝脏解毒，增加抗病能力。

板栗豆浆

材料：

板栗肉 100 克，黄豆 80 克，白糖适量

做法：

1. 将洗净的板栗肉切成小块。
2. 把已浸泡 8 小时的黄豆搓洗干净，倒入豆浆机中，加入板栗、清水，打成豆浆。
3. 把煮好的豆浆倒入滤网，滤去豆渣，倒入杯中，加入适量白糖，搅拌均匀至白糖溶化即可。

功效：

板栗含有蛋白质、B 族维生素、维生素 C、叶酸、铜、镁、铁和磷等营养成分，具有养胃健脾的功效。

材料：

木瓜 150 克，紫甘蓝 100 克，圣女果 90 克，炸腐竹 10 克，生菜 60 克，沙拉酱 10 克

做法：

1. 洗净去皮的木瓜切片，紫甘蓝、生菜撕小块，圣女果洗净。
2. 将木瓜片、紫甘蓝块、生菜块、圣女果装入碗中，倒入沙拉酱拌匀，盛入盘中，放上炸腐竹即可。

功效：

紫甘蓝含有丰富的维生素 C，维生素 C 是最主要的抗氧化物质，适合幼儿食用。

木瓜蔬菜沙拉

胡萝卜燕麦饭

DAY
4

材料：

燕麦 150 克，胡萝卜 200 克，山药 100 克

做法：

1. 胡萝卜、山药去皮洗净，切块。

2. 砂锅置于火上，倒入燕麦、胡萝卜块、山药块，注入适量清水拌匀，盖上盖，用小火焖 40 分钟至食材熟透。

3. 关火后揭盖，盛出焖煮好的饭，装入碗中即可。

功效：

燕麦富含蛋白质、维生素、钙等成分，可以补充幼儿身体发育所需的钙，使骨骼强健。燕麦还是大脑的优质营养补充剂，有健脑益智的功效。

菠萝水果船

材料：

葡萄 80 克，蓝莓 30 克，菠萝半个，西瓜 100 克，草莓 50 克，酸奶 50 克

做法：

1. 洗净的草莓对半切开；洗好的葡萄摘取下来；西瓜切成丁；菠萝取出肉，切块，留菠萝盅；蓝莓洗净，备用。

2. 将酸奶倒入菠萝盅，摆放上葡萄、蓝莓、菠萝肉、西瓜丁、草莓，拌匀即可食用。

功效：

葡萄含有蛋白质、葡萄糖、果糖、钙、钾、磷、铁等营养成分，具有滋补肝肾、生津液、强筋骨、补益气血等功效。

材料：

大米 130 克，西蓝花 25 克，奶粉 50 克

做法：

1. 沸水锅中放入洗净的西蓝花，焯煮至食材断生后捞出沥水，放凉后切碎。

2. 砂锅中注入适量清水烧开，倒入洗净的大米搅散，盖上盖，烧开后转小火煮约 40 分钟，至米粒变软。揭盖，快速搅动几下，放入备好的奶粉拌匀，煮出奶香味。

3. 倒入西蓝花碎，搅散，拌匀，盛出装碗即可。

功效：

西蓝花含有蛋白质、维生素 A、维生素 C、叶酸、泛酸以及钾、镁、铁、磷、硒等营养成分，具有增强肝脏的解毒能力、提高机体免疫力等功效。

西蓝花牛奶粥

kindness

青菜豆腐

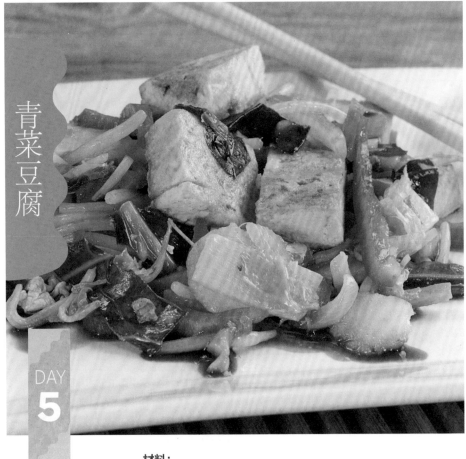

DAY
5

材料：

豆腐 150 克，青菜、豆芽、红彩椒、姜片、蒜末各少许，盐、生抽、食用油各适量

做法：

1. 将豆腐切块，洗净的青菜切小段，红彩椒切丝，豆芽洗净。

2. 热锅注油，倒入姜片、红彩椒丝、蒜末，爆香，放入豆腐块，快速翻炒均匀。

3. 倒入青菜段、豆芽，翻炒一会儿，加入少许盐、生抽，翻炒匀即可。

功效：

豆腐含有蛋白质、维生素 B_1、维生素 B_6、叶酸、钙、锌、磷等营养成分，具有清热解毒、开胃消食等功效。

材料：

草莓 100 克，燕麦片 80 克，牛奶 250 毫升

做法：

1. 将草莓洗净，切片。
2. 将牛奶倒入锅中煮沸，放入燕麦片煮开。
3. 盛出燕麦片，放上草莓片即可。

功效：

草莓含有维生素 A、维生素 C、维生素 E、氨基酸、钙、镁、磷、铁等营养成分，具有开胃、健脑等功效。

草莓燕麦片

材料：

猕猴桃 200 克

做法：

1. 猕猴桃洗净去皮，切小块。
2. 取榨汁机，选择搅拌刀座组合，放入猕猴桃，加入少许矿泉水。
3. 盖上盖，选择"榨汁"功能，榨取猕猴桃汁，倒入杯中即可。

功效：

猕猴桃含有膳食纤维和多种维生素、氨基酸、微量元素，具有清热降火、增强免疫力、润燥通便等功效。

猕猴桃汁

芹菜猪肉水饺

DAY
6

材料：

芹菜 100 克，肉末 90 克，饺子皮 95 克，姜末、葱花各少许，盐、五香粉、鸡粉各 3 克，生抽 5 毫升，食用油适量

做法：

1. 洗净的芹菜切碎，往芹菜碎中撒上少许的盐拌匀，腌渍 10 分钟，将腌渍好的芹菜碎倒入漏勺中，压制掉多余的水分。将芹菜碎、姜末、葱花倒入肉末中，加入五香粉、生抽、盐、鸡粉、适量食用油拌匀入味，制成馅料。

2. 往饺子皮中放上少许的馅料，将饺子皮对折，两边捏紧。

3. 锅中注入适量清水烧开，倒入饺子生坯拌匀，防止其相互粘连，煮开后再煮 3 分钟，加盖，再用大火煮 2 分钟，饺子上浮后捞出盛盘即可。

功效：

本品营养丰富，能提高人体的免疫力。

花椰菜香菇粥

材料：

西蓝花 100 克，花椰菜、胡萝卜各 80 克，大米 200 克，香菇、葱花各少许，盐适量

做法：

1. 洗净去皮的胡萝卜切丁，洗好的香菇切成条，洗净的花椰菜、西蓝花切小朵。
2. 锅中注水烧开，倒入洗好的大米，盖上盖，用大火煮开后转小火煮 40 分钟，揭盖，倒入切好的香菇条、胡萝卜丁、花椰菜、西蓝花拌匀，再盖上盖，续煮 15 分钟至食材熟透，揭盖，放入少许盐拌匀调味。
3. 关火后盛出煮好的粥，装入碗中，撒上葱花即可。

功效：

本品有利尿、通便的功效，可用于辅助改善便秘。

材料：

莴笋 80 克，西红柿 150 克，芹菜 70 克，蜂蜜 15 克

做法：

1. 洗净的西红柿切成块；莴笋对半切开，再切条块，改切成丁；芹菜切丁。
2. 取榨汁机，选择搅拌刀座组合，倒入切好的西红柿块、芹菜丁、莴笋丁，加入少许矿泉水。
3. 盖上盖，选择"榨汁"功能，榨取蔬菜汁，揭开盖，加入适量蜂蜜。
4. 再盖上盖，继续搅拌片刻，揭开盖，将榨好的蔬菜汁倒入杯中即可。

功效：

莴笋促进肠道蠕动，通利消化道，帮助大便排泄，可用于治疗各种便秘。

西红柿芹菜莴笋汁

蓝莓酸奶

DAY
7

材料：

蓝莓 100 克，蔓越莓 80 克，灯笼果 20 克，酸奶 100 克

做法：

1. 将蓝莓、蔓越莓、灯笼果洗净。
2. 酸奶倒入杯中，放上蓝莓、蔓越莓、灯笼果即可食用。

功效：

蓝莓含有多种维生素，其中所含的维生素 A 对夜盲症有缓解作用，维生素 C 有增强心脏功能的作用，对提高免疫力也有一定的作用。

蜂蜜核桃豆浆

材料：

黄豆 60 克，核桃仁 10 克，白糖、蜂蜜各适量

做法：

1. 把黄豆（黄豆提前浸泡 8 小时）、核桃仁倒入豆浆机中，注入适量清水，加入少许蜂蜜，盖上豆浆机机头，选择"五谷"程序，再选择"开始"键，开始打浆。

2. 待豆浆机运转约 15 分钟，即成豆浆。

3. 把煮好的豆浆倒入滤网，用汤匙搅拌，滤取豆浆，倒入杯中，放入适量白糖，搅拌均匀至其溶化即可。

功效：

核桃含较多的蛋白质及人体必需的不饱和脂肪酸，这些成分皆是大脑组织细胞代谢的重要物质，可滋养脑细胞，增强脑功能。

材料：

冬瓜 500 克，五花肉末 250 克，葱花、淀粉各 10 克，盐 3 克，鸡粉 2 克

做法：

1. 洗净的冬瓜切小块。

2. 五花肉末装碗，倒入盐、鸡粉、淀粉拌匀，腌渍 10 分钟至入味后捏成肉丸，装碗。

3. 取出电饭锅，打开盖子，通电后倒入肉丸，放入切好的冬瓜块，倒入适量水没过食材；盖上盖子，按下"功能"键，调至"蒸煮"状态，煮 20 分钟至食材熟软入味。

4. 按下"取消"键，打开盖子，倒入葱花，搅拌均匀，断电后将煮好的汤装碗即可。

功效：

冬瓜含有蛋白质、胡萝卜素、维生素、粗纤维、钙、磷、铁、钾等营养成分，具有清热化痰、消肿利湿的功效。

肉丸冬瓜汤

PART 4

学龄前儿童与婴幼儿时期相比，生长速度减慢，各器官持续发育并逐渐成熟，对营养的需求量相对较高。此时儿童的模仿能力强，是儿童形成良好膳食习惯的关键时期。了解该阶段儿童的膳食原则非常有必要，可以帮助其逐渐养成良好的饮食习惯。

第四章 学龄前，为孩子好好吃饭打好基础

一、学龄前儿童基本喂养原则

培养良好的饮食卫生习惯

学龄前儿童开始具有一定的独立性活动，模仿能力强，兴趣增加，易出现饮食无规律、过量饮食等情况。当受冷受热，有疾病或情绪不安定时，易影响消化功能，可能造成厌食、偏食等不良饮食习惯，所以要特别注意培养儿童良好的饮食习惯，使其不挑食、偏食。

学龄前儿童是培养良好饮食行为和习惯的最重要和最关键阶段。帮助学龄前儿童养成良好的饮食习惯，需要注意以下几方面：

①合理安排饮食，一日三餐加 1 ~ 2 次点心，定时、定点、定量用餐。

②饭前不吃糖果、不喝汽水。

③饭前洗手，饭后漱口，吃饭前不做剧烈运动。

④养成自己吃饭的习惯，让孩子自己使用筷子、羹匙，既可增加进食的兴趣，又可培养孩子的自信心和独立性。

⑤吃饭时要专心，不能边玩边吃。

⑥不要一次给孩子盛太多的饭菜，先少盛，吃完后再添，以免养成经常剩菜、剩饭的习惯。

⑦吃饭应细嚼慢咽，但也不能拖延时间，最好能在 30 分钟内吃完。不要急于求成，强迫孩子吃某种不喜欢的食物，这样会加深孩子对这种食物的厌恶感。

⑧不要吃一口饭喝一口水或经常吃汤泡饭，这样的饮食习惯容易稀释消化液，影响消化与吸收。

⑨不挑食、不偏食，在合理范围内允许孩子选择食物。

⑩不宜用食物作为奖励，避免诱导孩子对某种食物产生偏好。家长和看护人应以身作则、言传身教，帮助孩子从小养成良好的饮食行为和习惯。

良好饮食习惯的形成有赖于父母和幼儿园教师的共同培养。学龄前儿童对外界好奇，吃饭时易分散注意力，对食物不感兴趣。家长或看护人不应过分焦急，更不能采用威逼利诱等方式，防止孩子养成拒食的不良习惯。还应注意的是，此年龄阶段的儿童右侧支气管相对垂直，因此要尽量避免给他们吃花生米、干豆类等食物，以防止异物吸入气管。此期的孩子已长齐 20 颗乳牙，饮食要供给充足的钙等营养素。要教育孩子注意口腔卫生，少吃糖果等甜食，饭后漱口，睡前刷牙，预防龋齿。

膳食要均衡，食物要新鲜，品种要多样化

为了让学龄前儿童获得足够的营养，很多家长总想让孩子多吃一些有益身体的食物，以为吃得越多，身体就吸收越多。其实吃得多并不等于吃得健康，营养虽好，但也容易给孩子稚嫩的肠胃造成负担。将不同营养合理地分配在孩子的每一餐也是家长的必修课。

无论是植物性还是动物性食物，都不能满足人体对各种营养素的需要。特别是成长中的孩子，每天都应该摄取包括粮谷薯类的主食、鱼蛋肉奶豆类副食、蔬菜水果等多种食物，满足身体对蛋白质、糖类、维生素、无机盐或其他营养素的需要。妈妈们可以把这些食物进行科学搭配，通过主副食搭配、粗细搭配、荤素搭配结合，将不同的营养素均衡分布于孩子一日三餐及点心中，让孩子获得合理的营养。

"五谷为养""五畜为益"，就是说在主食之外，加些肉食会有益于身体。对于正在快速发育的孩子来说，肉类可提供蛋白质、B 族维生素及铁和锌等微量元素。其中，蛋白质对孩子的成长非常重要，肌肉、血液和各种身体器官的正

常功能都离不开其参与，它是构成酶、激素、抗体等体内具有重要生理作用的物质，经常适量吃些肉是孩子健康成长的重要内容。除了适量吃肉之外，家长们还可通过牛奶、豆类制品等提供蛋白质，为孩子提供快乐成长的健康基础。

注意摄入蛋白质的质量

鱼肉、禽肉、畜肉等动物性食物是优质蛋白质、脂溶性维生素和无机盐的良好来源。动物蛋白的氨基酸组成更适合人体需要，且赖氨酸含量较高，有利于弥补植物蛋白中赖氨酸不足的缺点。肉类中铁的利用率较好，鱼类特别是海产鱼所含的不饱和脂肪酸有利于儿童神经系统的发育。动物肝脏中维生素 A 的含量极为丰富，还富含维生素 B_2、叶酸等。我国农村还有相当数量的学龄前儿童平均动物性食物的消费量还很低，应适当增加摄入量；而部分大城市学龄前儿童膳食中优质蛋白质比例已满足需要甚至过剩，同时膳食中饱和脂肪酸的摄入量较高，谷类和蔬菜的摄入量却明显不足，这些都对儿童的健康不利。鱼类、禽类等含蛋白质较高、饱和脂肪较低，建议儿童可经常吃这类食物。

补充无机盐、维生素

虽然无机盐与维生素的体积微小，但对孩子来说帮助可不小：无机盐参与构成人体组织结构，维生素是维持机体正常生理功能的重要物质。因此家长们可多为孩子准备一些富含无机盐与维生素的食物，如鱼肉类、畜肉类、谷类、动物肝脏、动物血、黑木耳、大枣、花生、玉米、鸡蛋、海带、新鲜的蔬果等。

食量与体力活动需平衡

进食量与体力活动是控制体重的两个主要因素。食物提供人体能量，而体力活动、锻炼则消耗能量。如果进食量过大而活动量不足，则合成生长所需蛋白质以外的多余能量就会在体内以脂肪的形式沉积，而使体重过度增长，久之发生肥胖；相反，若食量不足，活动量又过大，则会由于能量不足而引起消瘦，造成活动能力和注意力下降。所以儿童需要保持食量与能量消耗之间的平衡。肥胖的儿童应控制总进食量和高油脂食物的摄入量，适当增加活动（锻炼）强度及持续时间，在保证营养素供应充足的前提下，适当控制体重的过度增长；消瘦的儿童应适当增加食量和油脂的摄入，以维持正常生长发育的需要和适宜的体重增长。

对于生长发育活动活跃的学龄前儿童，总能量供给与能量消耗应保持平衡。摄入过多可产生超重和肥胖，长期能量摄入不足则可导致儿童生长发育迟缓、消瘦和免疫力下降，这两种情况都会影响儿童的正常发育和健康。目前在我国各大城市和部分农村的调查显示，儿童肥胖的比例日益增高，俨然已经成为影响我国青少年儿童健康的主要问题之一。因此，需要定期测量儿童的身高和体重，关注其增长趋势，建议多做户外活动，维持正常的体重增长。

适当吃些零食，少喝含糖高的饮料

学龄前儿童活泼好动，胃容量小，肝脏中糖原储存量少，容易饥饿。因此，应通过适当增加餐次来适应学龄前儿童的消化功能特点，以一日"三餐两点"制为宜。各餐营养素和能量合理分配，早、中、晚正餐之间添加适量的加餐食物，既保证了营养需要，又不增加胃肠道负担。通常，三餐能量分配中，早餐提供的能量约占一日所需能量的30%（包括上午10点的加餐），午餐提供的能量约占40%（含下午3点的点心），晚餐提供的能量约占30%（含晚上8点的少量水果等）。

零食是学龄前儿童饮食中的重要内容，应科学对待、合理选择。零食是指正餐以外所进食的食物和饮料。对学龄前儿童来讲，零食是指一日三餐两点之外添加的食物，用以补充不足的能量和营养素。学龄前儿童新陈代谢旺盛，活动量多，所以营养素的需要量相对比成人多。水分需要量也大，建议学龄前儿童每日饮水

量为 1000 ~ 1500 毫升，而其饮料应以白开水为主。目前市场上许多含糖饮料
和碳酸饮料含有葡萄糖、碳酸、磷酸等物质，过多饮用这些饮料，不仅会影响孩
子的食欲，其含有的糖分会使儿童容易产生龋齿，还会造成能量摄入过多，不利
于儿童的健康成长。零食品种、进食量以及进食时间是需要特殊考虑的问题。在
选择零食时，建议多选用营养丰富的食品，如乳制品、鲜鱼虾肉制品（尤其是海
产品）、鸡蛋、豆腐或豆浆、各种新鲜蔬菜水果及坚果类食品等，少选用油炸食品、
糖果及甜点等。

纠正挑食、偏食

偏食、挑食是指孩子爱吃某些食品或调味品，不爱吃另一些食品或调味品，
喜欢的就爱吃、多吃，不喜欢的就不吃。这种"喜欢吃的就没个够，不喜欢吃的
就不沾边"的择食标准称为挑食或偏食。孩子的挑食、偏食往往表现为：有的爱
吃肉类而不爱吃蔬菜，有的只吃蔬菜不吃肉；有的只吃鸡蛋，有的却怎么也不吃
鸡蛋；有的爱吃甜食，有的只吃咸菜，可以用咸菜就白米饭等。

挑食、偏食对生长发育期孩子的身体健康、心理发育都危害极大。任何一种
食物都不可能含有所有的营养素。如果只吃一种食物，而不吃其他种类，势必会
缺乏其他食物供给的营养素。如果各种食物都吃，食物中所含的营养素就可以相
互补充、保持合适的比例，达到平衡合理的膳食标准，有利于孩子健康的成长。
每种食物中含有不同的营养素，如蛋白质、脂肪、糖类、维生素、无机盐、水、
膳食纤维，对组成人体组织结构、发挥其特有的生理功能都有自己独特的作用。
无论是哪一种营养素都不能长期缺乏，即使需要量很少，如铁每日只需摄入约
10 毫克，但缺少就易引起贫血。据研究报道，缺铁的儿童注意力不集中，综合
分析推理能力降低，智商也会偏低。总之，挑食、偏食的孩子，营养素的摄入肯
定缺乏，易致孩子发育不良，故孩子的挑食、偏食习惯必须纠正。而要纠正孩子
挑食、偏食的坏习惯，家长切勿操之过急，一定要循循善诱，要有狠心、决心和
耐心。所谓狠心，并非打骂、强逼、训斥孩子，而是不心软、不心疼。有的家长
看到孩子不吃饭，怕饿坏了，最后还是"投降"，让孩子吃他爱吃的东西，导致
纠正不良饮食习惯失败。

纠正偏食习惯，家长要有决心，因为开始纠正偏食时，孩子可能会哭闹、不张嘴，食物含在嘴里不咽，甚至吐出来。这时要耐心说服，父母意见一致，由少量开始，逐步加量，以改正孩子偏食习惯，但也不能顿顿给孩子吃他不爱吃的东西，以免纠偏过头。纠正孩子的偏食习惯，家长要向孩子讲清道理，说明挑食、偏食的害处，以及各种食物，包括他不爱吃的食物对健康的益处，而且父母应以身作则地与孩子一起吃，不要爸爸哄孩子吃，孩子不想吃而闹，妈妈因此心软。让孩子觉得无论怎么哭闹，都要自己吃饭。这种方法看似只是在纠正孩子偏食的习惯，实际上也是对孩子为人处世、思想品德的一种教育。

纠正孩子偏食，也应在食物烹制方法上改进。多采用煮、蒸、熬、炖、汆等方法，使食物软烂易咀嚼，孩子易接受。如果不愿吃肉菜中的特殊味，可加少许调味品。不吃鸡蛋，可把鸡蛋打碎和面，摊鸡蛋饼、蒸鸡蛋糕等。总之，吃什么食物是一种习惯，习惯养成了就不会挑食、偏食。餐桌上食物的品种经常更换，尽可能做到色、香、味俱全，适合儿童口味。想办法把孩子不爱吃的东西做成各种不同样式的食品，引起孩子的兴趣，增强孩子的食欲，把吃饭当成一种乐趣，那么挑食、偏食的坏习惯就能得以纠正。

二、3~4岁儿童一周食谱推荐

3~4岁是孩子生长发育的快速阶段，这段时期一定要注意给孩子补充足量的蛋白质，这样才能够更好、更健康地促进孩子的生长发育，同时要注重微量元素和无机盐的补充。孩子所食用的水果、蔬菜和肉类要合理分配，注意防止过度补充，导致小儿肥胖，这样反而不利于孩子的生长发育。

猪肝鸡蛋粳米粥

DAY
1

材料：

猪肝 200 克，鸡蛋 1 个，水发大米 200 克，姜丝、葱花各少许，盐 1 克，生抽 5 毫升

做法：

1. 洗净的猪肝切块。
2. 砂锅注水，倒入泡好的大米，拌匀，煮 40 分钟至熟软。
3. 倒入猪肝块、姜丝，拌匀，放入盐、生抽，拌匀，打入鸡蛋，煮至食材熟透，放入葱花，拌匀，盛出装碗即可。

功效：

猪肝含有蛋白质、维生素 A、B 族维生素、钙、磷、铁、锌等营养物质，具有补血、滋补肝脏、保护视力、保健肌肤等功效。

猪肝豆腐汤

材料：

玉米笋 150 克，荷兰豆 100 克，胡萝卜 80 克，姜末、蒜末各少许，盐、料酒、水淀粉、食用油各适量

做法：

1. 洗净去皮的胡萝卜切成条。

2. 锅中注入适量清水烧开，淋入少许食用油，加入适量盐，倒入洗净的荷兰豆、胡萝卜条、玉米笋，搅拌均匀，煮 1 分钟，捞出。

3. 用油起锅，放入姜末、蒜末以及焯过水的食材，快速翻炒均匀，加入料酒、盐，炒匀调味，再倒入少许水淀粉，翻炒均匀即可。

功效：

荷兰豆含有蛋白质、膳食纤维、胡萝卜素、维生素 B_1、维生素 B_2、钙、磷、钾等营养成分，能增强人体的新陈代谢。

材料：

豆腐 150 克，猪肝 100 克，姜丝、葱花各少许，盐、鸡粉、水淀粉、食用油各适量

做法：

1. 将豆腐切块，猪肝切成片。

2. 把猪肝片装入碗中，放入少许盐、鸡粉、水淀粉，拌匀，再淋入少许食用油，腌渍 10 分钟。

3. 锅中注油烧热，放入姜丝爆香，倒入适量清水，盖上盖子，用大火煮沸。

4. 倒入豆腐块，加入盐、鸡粉、猪肝片，搅散，继续用大火煮至沸腾，装入碗中，撒入葱花即可。

功效：

豆腐除了能增加营养、帮助消化、增进食欲外，对牙齿、骨骼的生长发育也颇为有益，幼儿可经常食用。

玉米笋炒荷兰豆

银耳百合粳米粥

DAY
2

材料：

水发粳米、水发银耳各 100 克，水发百合 50 克

做法：

1.砂锅中注水烧开，倒入洗净的银耳，放入备好的百合、粳米，拌匀，使米粒散开，盖上盖，烧开后用小火煮约 45 分钟，至食材熟透。

2.打开锅盖，搅拌一会儿，关火后盛出煮好的粳米粥，装在小碗中，稍微冷却后即可食用。

功效：

银耳口感滋润而不腻，含有多种氨基酸、无机盐等成分，具有补脾开胃、益气清肠、安眠健胃、滋阴润肤等功效。

材料：

卷心菜丝 230 克，熟面条 250 克，去皮胡萝卜 120 克，葱花少许，盐、鸡粉各 1 克，生抽 5 毫升，白芝麻、食用油各适量

做法：

1. 洗净的胡萝卜切丝。

2. 热锅注油，倒入胡萝卜丝、卷心菜丝，炒香。

3. 倒入熟面条，加生抽、盐、鸡粉，翻炒约 2 分钟至入味，再倒入葱花炒匀，盛出装碗，撒上白芝麻即可。

功效：

卷心菜含有膳食纤维、维生素C、叶酸、钾等营养成分，具有防衰抗老、提高人体免疫力等功效。

胡萝卜香葱炒面

虾丸白菜汤

材料：

白菜 120 克，虾丸 150 克，盐、鸡粉各 2 克

做法：

1. 洗净的白菜切小块。

2. 锅中注入适量清水烧开，倒入虾丸、白菜块拌匀，用大火煮沸，直至煮熟。

3. 加入盐、鸡粉拌匀，煮至入味，关火后盛出即可。

功效：

白菜含有丰富的粗纤维，不仅能润肠，还能刺激肠胃蠕动，促进大便排出，帮助消化。

玉米鸡蛋炒饭

DAY
3

材料：

冷米饭 180 克，玉米粒 100 克，青椒 15 克，瘦肉 50 克，鸡蛋 1 个，盐、鸡粉、芝麻油、食用油各适量

做法：

1. 将洗好的青椒切粒状；洗净的瘦肉切丁；将鸡蛋打入碗中，调匀，制成蛋液。

2. 用油起锅，倒入蛋液炒熟，再倒入瘦肉丁、青椒粒、玉米粒炒匀，再倒入米饭炒散。

3. 加入盐、鸡粉炒匀调味，淋入芝麻油炒香，盛出炒好的米饭即可。

功效：

玉米中所含丰富的植物纤维素具有刺激胃肠蠕动、加速粪便排出的特性，可防治便秘、肠炎等症。

小米南瓜粥

材料：

小米 100 克，南瓜 150 克

做法：

1. 将南瓜去皮，切丁。

2. 把小米、南瓜丁放入锅中，加水煮 40 分钟至熟烂。

3. 盛出即可。

功效：

南瓜含有丰富的南瓜多糖，能够加强免疫系统的各项调节功能。

材料：

芥蓝 80 克，冬瓜 100 克，胡萝卜 40 克，木耳 35 克，姜片、蒜末、葱段各少许，盐 4 克，鸡粉 2 克，料酒 4 毫升，水淀粉、食用油各适量

做法：

1. 将洗净去皮的胡萝卜切段，改切成片；泡好的木耳撕小朵；去皮洗好的冬瓜切成片；洗净的芥蓝切成段。

2. 锅中注水烧开，放入适量食用油、盐，先放入胡萝卜片、木耳煮半分钟，再倒入芥蓝段、冬瓜片煮 1 分钟，把焯好的食材捞出。

3. 用油起锅，放入姜片、蒜末、葱段爆香，倒入焯好的食材炒匀，放入适量盐、鸡粉、料酒，再倒入水淀粉快速翻炒均匀，将炒好的菜盛出，装入盘中即可。

功效：

芥蓝含丰富的维生素、钙、蛋白质和糖类，有润肠、去热气、止血的功效。

芥蓝炒冬瓜

藕尖黄瓜拌花生

DAY
4

材料：

藕尖 150 克，黄瓜 100 克，花生米 80 克，红椒圈、剁椒各 20 克，
盐 3 克，白糖 10 克，陈醋 15 毫升，芝麻油适量

做法：

1. 洗净的藕尖切小段，黄瓜切块，花生米煮熟后捞出。

2. 将藕尖段、黄瓜块、花生米装入盘中，放入红椒圈、剁椒、
盐、白糖、陈醋、芝麻油，搅拌均匀，用保鲜膜封好，放入冰
箱冷藏 15 ~ 20 分钟后取出。

3. 去除保鲜膜即可食用。

功效：

花生米含有蛋白质、油脂、糖类、维生素 A、B 族维生素等成分，
具有延缓衰老、益智健脑等功效。

鸡胸肉马蹄炒饭

材料：

冷米饭 180 克，鸡胸肉 80 克，西蓝花、胡萝卜、马蹄各 60 克，葱花少许，盐 3 克，鸡粉 2 克，芝麻油、食用油各适量

做法：

1. 洗好的鸡胸肉、西蓝花切小块，马蹄切片，胡萝卜切丝。
2. 用油起锅，倒入鸡胸肉块、西蓝花块、马蹄片、胡萝卜丝炒匀，再倒入米饭炒散。
3. 加入盐、鸡粉炒匀调味，淋入芝麻油炒香，盛出炒好的米饭，放上葱花即可。

功效：

马蹄中的磷元素含量是所有茎类蔬菜中含量最高的，磷元素可以促进人体发育，同时可以促进体内的糖、脂类、蛋白质三大物质的代谢，调节酸碱平衡。

材料：

鸡蛋 1 个，牛奶 100 毫升，玉米粉 150 克，面粉 120 克，泡打粉、酵母各少许，白糖、食用油各适量

做法：

1. 将玉米粉、面粉放入大碗中，加入泡打粉、酵母、白糖，搅拌匀，打入鸡蛋，再倒入牛奶，分次加入少许清水，使材料混合均匀，呈糊状。
2. 盖上湿毛巾静置约 30 分钟，使其发酵，取出面糊，注入少许食用油拌匀。
3. 煎锅置于火上，刷少许食用油烧热，转小火，将面糊做成数个小圆饼放入煎锅中，煎至两面熟透。
4. 关火后盛出煎好的面饼，装入盘中即可。

奶香玉米饼

功效：

牛奶含有蛋白质、维生素 B_2、乳糖、钙、磷、铁、锌、铜、锰、钼等营养成分，具有补充钙质、保护视力、促进大脑发育等功效。

韭薹炒大虾

材料：

韭薹 150 克，大虾 50 克，盐 3 克，鸡粉 2 克，料酒 4 毫升，水淀粉、食用油各适量

做法：

1. 将洗净的韭薹切段；洗净的大虾由背部切开，去除虾线。

2. 把大虾装在碗中，加入少许盐、鸡粉，倒入水淀粉，拌匀，注入食用油，腌渍约 10 分钟。

3. 用油起锅，放入韭薹段，倒入大虾，淋入料酒，炒至大虾变色、全部食材熟软后，加入盐、鸡粉，炒匀。

4. 倒入水淀粉勾芡，盛出炒好的菜肴，放在盘中即成。

功效：

适量食用一些虾，可以有效补充钙质和优质蛋白质，增加人体免疫力，预防骨质疏松。

西红柿面片汤

材料：

西红柿 90 克，馄饨皮 100 克，鸡蛋 1 个，姜片、葱段各少许，盐 2 克，鸡粉少许，食用油适量

做法：

1. 将备好的馄饨皮沿对角线切开，制成生面片；洗好的西红柿切小瓣；鸡蛋打散。

2. 用油起锅，放入姜片、葱段爆香后盛出，倒入西红柿炒匀，注入适量清水，用大火煮约 2 分钟，倒入生面片，转中火煮约 4 分钟。

3. 倒入蛋液，拌匀至水面浮现蛋花，加盐、鸡粉调味即可。

功效：

西红柿含有胡萝卜素、柠檬酸、维生素、无机盐等营养成分，具有健胃消食、生津止渴、清热解毒等功效，适合幼儿食用。

材料：

西葫芦 100 克，水发木耳 70 克，葱段、蒜末、盐、鸡粉、料酒、食用油各适量

做法：

1. 将洗净的木耳撕小朵，洗净去皮的西葫芦切片。

2. 用油起锅，放入蒜末爆香，倒入木耳和西葫芦片，快速炒匀，淋入少许料酒，炒匀提味，翻炒食材至八成熟，加入少许盐、鸡粉，炒匀调味，撒上葱段，用中火翻炒至食材熟透即可。

功效：

西葫芦含有蛋白质、纤维素、糖类、胡萝卜素和维生素 C，有清热利尿、除烦止渴、润肺止咳等功能。此外，西葫芦还对幼儿补钙有极大的帮助。

西葫芦炒木耳

山药脆饼

DAY
6

材料：

面粉 90 克，去皮山药 120 克，豆沙 50 克，白糖 30 克，食用油适量

做法：

1. 豆沙和白糖混合均匀；山药切块，蒸熟后碾成泥，放入大碗中，倒入 80 克面粉，注入约 40 毫升清水，搅拌均匀。

2. 将拌匀的山药泥及剩余的面粉倒在案台上，揉搓成纯滑面团，套上保鲜袋，饧发 30 分钟。

3. 取出饧发好的面团，撒上少许面粉，搓成长条状，掰成数个剂子，稍稍搓圆，压成圆饼状，放入适量豆沙，做成饼坯。

4. 煎锅注油烧热，放入圆饼坯，煎至两面呈金黄色，取出即可。

功效：

山药含有淀粉、糖蛋白、维生素 C、胆碱等营养成分，具有补脾养胃、生津益肺等作用，脾胃功能较弱的幼儿可经常食用。

胡萝卜豆浆

材料:

胡萝卜 20 克,水发黄豆 50 克

做法:

1. 洗净的胡萝卜切成滚刀块,将已浸泡 8 小时的黄豆倒入碗中,注入适量清水,用手搓洗干净,把洗好的黄豆倒入滤网,沥水。

2. 将备好的胡萝卜块、黄豆倒入豆浆机中,注入适量清水,盖上豆浆机机头,选择"五谷"程序,再选择"开始"键,开始打浆,待豆浆机运转完成后,把煮好的豆浆倒入滤网,滤取豆浆,倒入碗中即可。

功效:

黄豆富含不饱和脂肪酸、大豆磷脂、蛋白质和多种人体必需的氨基酸,可以提高免疫力。

材料:

芒果 80 克,生姜 10 克,白糖适量

做法:

1. 将洗净的芒果切开,去除果核,削去果皮,切小瓣,改切成小丁。

2. 洗好的生姜去皮,放入榨汁机中打成汁,滤渣,取生姜汁。

3. 取榨汁机,选择搅拌刀座组合,倒入芒果丁、生姜汁,注入少许温开水。

4. 加入适量白糖,盖上盖,榨取蔬果汁,装入杯中即可。

功效:

芒果中含有丰富的维生素 A,其含量是所有水果中最高的,而维生素 A 是明目最有效的营养元素。

芒果姜汁

茄子鲜蔬炒饭

DAY
7

材料:

冷米饭 180 克,茄子 100 克,芹菜段 25 克,胡萝卜 10 克,鸡蛋 1 个,豌豆 35 克,盐 3 克,鸡粉 2 克,芝麻油、食用油各适量

做法:

1. 洗好的芹菜切成粒状,洗净的胡萝卜、茄子切丁。

2. 将鸡蛋打入碗中,调匀,制成蛋液;锅中注入清水烧开,加入盐、食用油、胡萝卜丁、茄子丁,拌匀,煮约 1 分钟至其断生,捞出,沥干水分。

3. 用油起锅,倒入蛋液、米饭,炒匀,再放入焯过水的食材,加入盐、鸡粉、芹菜粒、豌豆,炒至断生,淋入芝麻油,炒香,盛出炒好的米饭即可。

功效:

茄子含有蛋白质、膳食纤维、胡萝卜素及多种维生素、无机盐,具有清热凉血、消肿解毒、降低胆固醇等功效。

西蓝花菠菜汁

材料：

菠菜 35 克，西蓝花 60 克

做法：

1. 将洗净的西蓝花切成小丁块，菠菜切段。

2. 将西蓝花块和菠菜段煮熟。

3. 取榨汁机，选择搅拌刀座组合，倒入焯好的西蓝花块和菠菜段，注入少许温开水。

4. 盖上盖，榨取蔬菜汁，装入杯中即可。

功效：

二硫酚硫酮是西蓝花中含有的一种物质，这种物质是有机物，气味较为芳香，对脾胃有很好的养护作用。

材料：

净鲈鱼 400 克，水发大米 180 克，花椰菜 160 克，姜片、葱花各少许，盐、鸡粉、胡椒粉、芝麻油、食用油各适量

做法：

1. 洗净的花椰菜切成小块；把鲈鱼切成小块，装入碗中，加盐、鸡粉，拌匀腌渍约 10 分钟。

2. 砂锅中注入 800 毫升清水烧开，倒入大米，煮沸后淋入少许食用油，煮约 30 分钟。

3. 揭开盖，放入切好的花椰菜块，用小火续煮约 5 分钟至其断生，撒上姜片，下入鱼块拌匀，用小火煮约 5 分钟，加入葱花、盐、鸡粉、胡椒粉、芝麻油拌匀，盛出即可。

功效：

鲈鱼富含蛋白质、维生素 A、B 族维生素、钙、镁、锌、硒等营养元素，具有补肝肾、益脾胃、化痰止咳等功效。

鲈鱼花椰菜粥

三、4~5岁儿童一周食谱推荐

4~5岁的孩子正是生长发育的重要时期，各种营养物质，尤其是钙、锌、铁、维生素等，比成人需要得更多。孩子平时可多吃些含钙、锌较多的食物，如鸡蛋、鱼、排骨、牛肉、海带、木耳、紫菜等。孩子的脾胃相对较弱，平时饮食要有一定的规律，可以少食多餐，饭后可适当吃些新鲜蔬菜、水果，促进消化。

玉米拌青豆

DAY
1

材料：

青豆 80 克，甜椒 50 克，玉米粒 100 克，盐、鸡粉、芝麻油、陈醋各适量

做法：

1. 将甜椒洗净，切丁。

2. 锅中注入适量的清水，大火烧开，倒入玉米粒、青豆、甜椒丁，煮至断生，捞出沥干。

3. 将煮好的食材装入碗中，放入盐、鸡粉，淋入芝麻油、陈醋，搅拌匀即可。

功效：

青豆含有不饱和脂肪酸和大豆磷脂，有保护血管弹性、健脑益智等作用。

豌豆小米豆浆

材料：

小米 40 克，豌豆 50 克

做法：

1. 将豌豆、小米搓洗干净，倒入滤网，沥干水分。

2. 把洗好的材料倒入豆浆机中，注入适量清水至水位线，选择"五谷"程序，开始打浆。

3. 待豆浆机运转完成后，即成豆浆，把豆浆倒入滤网过滤即可。

功效：

豌豆含有较多的维生素 A，对保护幼儿的视力很有益处。

材料：

西红柿 130 克，鸡蛋 1 个，大蒜 10 克，盐 3 克，食用油适量

做法：

1. 大蒜切片；洗净的西红柿去蒂，切成滚刀块；鸡蛋打入碗内，打散。

2. 热锅注油烧热，倒入鸡蛋液，炒熟，盛入盘中。

3. 锅底留油，倒入蒜片爆香，再倒入西红柿块炒出汁，倒入鸡蛋块炒匀，加盐，迅速翻炒入味，关火后，将炒好的菜肴盛入盘中即可。

功效：

西红柿含有胡萝卜素、B 族维生素、维生素 C、纤维素、苹果酸、柠檬酸、钙、磷、钾、镁、铁等营养成分，具有健脾开胃、清热解毒等功效，适合幼儿食用。

西红柿炒蛋

鲜虾胡萝卜饼

DAY
2

材料:

胡萝卜1根,虾仁10个,西蓝花半颗,木耳少许,葱花、姜片各适量,鸡蛋1个,盐、食用油各适量

做法:

1.胡萝卜切成厚片,用模具把中间掏空,焯水1分钟至五成熟。

2.西蓝花和木耳用水烫熟,捞出切成碎;虾仁洗净去虾线,加入葱花、姜片、盐、鸡蛋,用料理机打成泥盛出,把虾泥和西蓝花木耳拌在一起。

3.用刷子在平底锅底刷一层油,开小火,放入胡萝卜圈,再用勺子将虾泥填在胡萝卜中间,煎1分钟,反面再煎1分钟,至两面微微焦黄即可出锅装盘。

功效:

胡萝卜含有蔗糖、葡萄糖、胡萝卜素、钾、钙、磷等营养成分,具有增强免疫力、保护视力等功效,适合幼儿食用。

玉米土豆清汤

材料：

土豆块 120 克，玉米段 60 克，葱花少许，盐 2 克，鸡粉 3 克，胡椒粉 2 克

做法：

1. 锅中注水烧开，放入洗净的土豆块和玉米段。
2. 盖上锅盖，用中火煮约 20 分钟至食材熟透，打开锅盖，加盐、鸡粉、胡椒粉调味。
3. 关火后盛出煮好的汤料，装入碗中，撒上葱花即可。

功效：

本汤品有健脾和胃、益气调中的功效，适合气血两虚者食用。

材料：

鸭肉 160 克，彩椒 60 克，香菜梗、姜末、蒜末、葱段各少许，生抽、料酒各 4 毫升，盐、鸡粉、水淀粉、食用油各适量

做法：

1. 将洗净的彩椒切条；香菜梗切段；鸭肉切丝，装入碗中，倒入生抽、料酒、盐、鸡粉、水淀粉、食用油，腌渍 10 分钟。
2. 用油起锅，放入蒜末、姜末、葱段爆香，再放入鸭肉丝，加入料酒、生抽、彩椒条，拌炒匀。
3. 放入适量盐、鸡粉调味，水淀粉勾芡，最后放入香菜段，炒匀即可。

功效：

鸭肉的脂肪含量适中。脂肪酸中含有不饱和脂肪酸和短链饱和脂肪酸，消化吸收率比较高，营养价值高。

滑炒鸭丝

排骨莲藕汤

DAY
3

材料：

莲藕 180 克，排骨 300 克，水发花生 100 克，水发鱿鱼 30 克，红枣 20 克，姜片、盐、鸡粉各少许，料酒 5 毫升

做法：

1. 将洗净去皮的莲藕切块，排骨氽水后捞出。

2. 砂锅中注水烧开，放入排骨、莲藕块、花生、鱿鱼、红枣、姜片，淋入少许料酒，盖上盖，煮沸后用小火炖煮约 40 分钟。

3. 加入少许盐、鸡粉搅匀调味，续煮一会儿至食材入味，盛出即可。

功效：

排骨的营养价值很高，除含有蛋白质、脂肪、维生素外，还含有大量磷酸钙、骨胶原、骨黏蛋白等，具有益精补血、强壮体格的功效，尤其适合幼儿食用。

菜菜烧麦

材料:

中筋面粉 200 克，豆沙馅适量，菠菜汁
50 毫升

做法:

1. 将面粉、菠菜汁混在一起搅拌均匀，揉
成软面团。

2. 将菠菜面饧 10 分钟左右，搓成长条，
切成小剂子，压扁，擀成面片，中间放
入豆沙馅，虎口收拢往中间捏紧成形，制
成烧麦生坯。

3. 将烧麦生坯放入烧开的蒸笼中，蒸熟即可。

功效:

菠菜所含的各种营养成分较为均衡，对维
护人体健康大有裨益。菠菜还含有大量的
植物粗纤维，具有促进肠道蠕动的作用。

材料:

彩椒 70 克，鸡胸肉 200 克，水发木耳
40 克，蒜末、葱段各少许，盐、鸡粉、
水淀粉、料酒、蚝油、食用油各适量

做法:

1. 洗好的木耳撕小朵，彩椒切小块；鸡
胸肉切片，加盐、鸡粉、水淀粉、食用油，
腌渍 10 分钟。

2. 锅中注水烧开，加入少许盐、食用油，
倒入木耳、彩椒块，煮至断生，捞出。

3. 用油起锅，放入蒜末、葱段爆香，倒入
鸡肉片炒至变色，淋入料酒，炒匀提味，
再倒入木耳、彩椒翻炒匀，加入盐、鸡粉、
蚝油，炒匀调味，淋入适量水淀粉快速翻
炒，关火后将炒好的菜肴盛出即可。

功效:

磷是构成骨骼和牙齿的重要成分，食用富
含磷的鸡肉，能有效预防软骨病或佝偻病。

彩椒木耳炒鸡肉

菠萝饭

材料:

米饭 150 克,虾仁 100 克,青豆 50 克,菠萝半个,西红柿 30 克,葱段少许,盐 3 克,鸡粉 2 克,食用油适量

做法:

1. 菠萝取菠萝肉,切丁,留菠萝盏;西红柿切块。

2. 锅中注入清水,加青豆、盐、食用油,拌匀,煮至断生后捞出。

3. 热锅注油,放入虾仁,炒至变色,捞出。

4. 锅底留油烧热,放入米饭,炒至松散,倒入青豆,炒匀,加入西红柿块、菠萝丁、盐、鸡粉、虾仁、葱段,炒出香味,盛出炒好的米饭,装入菠萝盏中即成。

功效:

菠萝含有果糖、葡萄糖、B 族维生素、维生素 C、柠檬酸、蛋白酶、磷等营养成分,具有解暑止渴、消食止泻等功效。

芹菜杨桃汁

材料：

芹菜 35 克，杨桃 100 克

做法：

1. 将洗净的芹菜切段，杨桃切块。

2. 将芹菜煮熟，放凉。

3. 取榨汁机，选择搅拌刀座组合，倒入芹菜和杨桃块，注入少许温开水。

4. 盖上盖，榨取蔬果汁，装入杯中即可。

功效：

杨桃性平，味酸、甘，有生津止咳、下气和中等作用，有解内脏积热、清燥润肠、通大便等功效，是肺、胃热者最适宜的清热果蔬汁。

材料：

牛肉 45 克，油菜 60 克，海带 70 克，大米 65 克，盐 2 克

做法：

1. 将洗净的油菜、海带切成粒，洗净的牛肉切成肉末。

2. 取榨汁机，放入洗净沥干的大米，磨成米粉，放入小碗中。

3. 汤锅中注入适量清水烧热，倒入磨好的米粉，搅拌匀，使其溶于热水中，再倒入切好的海带粒，搅拌几下，放入牛肉末，搅拌一会，至牛肉断生，转用中火煮干水分，制成米糊。

4. 调入少许盐，再撒上切好的油菜粒，稍煮片刻，盛出即可。

功效：

牛肉中含有丰富的铁，多食用牛肉有助于缺铁性贫血的治疗。

牛肉海带碎米糊

凉拌荞麦面

DAY
5

材料：

荞麦面 95 克，青椒、红彩椒各 10 克，胡萝卜 50 克，葱丝、花生酱各少许，陈醋 4 毫升，生抽 5 毫升，芝麻油 7 毫升，盐、鸡粉各 2 克，白糖适量

做法：

1. 洗净去皮的胡萝卜切薄片，洗好的青椒、红彩椒切丝。

2. 锅中注入清水烧开，放入荞麦面，煮约 4 分钟至其熟软。

3. 捞出煮好的荞麦面，放入凉开水过凉后捞出，沥干水分。

4. 将面条装入碗中，放入胡萝卜片、青椒丝、红彩椒丝、葱丝拌匀。另取小碗，倒入花生酱、盐、生抽、鸡粉、白糖、陈醋、芝麻油，搅匀，调成味汁，将味汁浇到荞麦面上，拌至其入味即可。

功效：

胡萝卜含有胡萝卜素、维生素、钙、磷、铁等营养成分，具有增强免疫力、促进肠道蠕动、降血糖、延缓衰老等功效。

芒果鸡肉块

材料：

芒果 1 个，鸡肉块 200 克，熟腰果 50 克，盐 3 克，鸡粉 2 克，芝麻油、食用油各适量

做法：

1. 芒果去皮、去核，果肉切小块。
2. 用油起锅，倒入鸡肉块炒至变色，加适量水，倒入盐、鸡粉拌匀，焖煮 3 分钟。
3. 倒入芒果、熟腰果拌匀，淋入少许芝麻油，大火收汁，盛出即可。

功效：

芒果富含蛋白质、粗纤维、胡萝卜素，维生素 C、铁、锌、脂肪、糖类的含量也不低，帮助幼儿补充成长所需的营养物质。

材料：

胡萝卜 120 克，花椰菜、西蓝花各 150 克，姜片少许，盐、胡椒粉各 2 克，鸡粉 3 克

做法：

1. 胡萝卜洗净，切片；西蓝花、花椰菜切小朵。
2. 锅中注水烧开，放入姜片、胡萝卜片、西蓝花、花椰菜拌匀，盖上锅盖，用中火煮约 20 分钟至食材熟透。
3. 打开锅盖，加盐、鸡粉、胡椒粉调味。
4. 关火后盛出煮好的汤料，装入碗中即可。

功效：

本品营养丰富，宝宝常食可促进生长，维持牙齿及骨骼正常，保护视力，提高记忆力，防治便秘。

时蔬汤

西蓝花炒虾仁

DAY
6

材料:

西蓝花 150 克,虾仁 100 克,姜片、蒜末各少许,盐 3 克,鸡粉 2 克,料酒 4 毫升,水淀粉、食用油各适量

做法:

1. 西蓝花洗净,切小块,放入开水锅中煮 1 分钟,捞出沥干;虾仁加盐、水淀粉、食用油腌渍约 10 分钟。
2. 用油起锅,放入姜片、蒜末爆香,倒入虾仁,淋入料酒,翻炒至虾身变色,再倒入西蓝花块,快速炒至全部食材熟软。
3. 加入盐、鸡粉炒匀,倒入水淀粉勾芡,盛出即可。

功效:

虾仁肉质松软,易消化,含有蛋白质、钙、磷、钾、钠、镁等营养成分,具有补充钙质、益气补血、开胃化痰等功效。

菠萝猪肉

材料：

菠萝半个，猪肉 200 克，红椒 20 克，盐 3 克，鸡粉 2 克，水淀粉、芝麻油、食用油各适量

做法：

1. 菠萝去皮，果肉切小块；猪肉切块；红椒切丁。

2. 用油起锅，倒入红椒丁爆香，倒入猪肉块炒至变色，加适量水，倒入菠萝块、盐、鸡粉拌匀，焖煮 3 分钟。

3. 倒入水淀粉，淋入少许芝麻油，大火收汁，盛出即可。

功效：

菠萝含有菠萝朊酶，可以分解蛋白质，增强肠胃蠕动，帮助消化。

材料：

水发大米 65 克，黄彩椒、红彩椒各 50 克，卷心菜 30 克

做法：

1. 洗净的卷心菜切碎，红彩椒、黄彩椒切丁，砂锅内放入卷心菜碎和泡好的大米。

2. 炒约 2 分钟至食材转色，注水搅匀，加盖，用大火煮开后转小火煮至食材熟软，揭盖，倒入红彩椒丁和黄彩椒丁，搅匀。

3. 加盖，煮约 5 分钟至彩椒熟软，揭盖，关火后盛出煮好的粥，装碗即可。

功效：

卷心菜含有丰富的维生素 A、钙、磷等营养元素，这些物质是促进骨骼发育的主要营养物质。幼儿食用卷心菜能强健骨骼，还能提高免疫力，预防感冒。

卷心菜甜椒粥

菠菜蛋饼

DAY
7

材料：

菠菜 150 克，鸡蛋 2 个，玉米粉、面粉各 60 克，盐少许，橄榄油 5 毫升

做法：

1. 将洗净的菠菜焯水、切碎；鸡蛋打开，取蛋清装入碗中。

2. 另取一碗，将面粉倒入碗中，加入玉米粉、蛋清、菠菜碎、盐，拌匀。

3. 煎锅中注入橄榄油烧热，倒入拌好的面糊，煎至两面呈焦黄色。

4. 把煎好的饼取出，装入盘中即可。

功效：

菠菜富含膳食纤维、胡萝卜素、维生素、钾、钠、钙、磷、铁、镁等营养元素，有促进肠胃蠕动的作用。幼儿食用菠菜，不仅可以补铁，还能提高食欲。

玉米骨头汤

材料：

排骨 350 克，玉米块 170 克，姜片少许，盐、鸡粉各 3 克，料酒适量

做法：

1. 排骨切段；锅中注水烧开，倒入排骨段，汆去血水，捞出。

2. 砂锅中注水烧开，倒入排骨段、玉米块、姜片，淋入料酒拌匀，烧开后用小火煮约 1 小时。

3. 放入盐、鸡粉，拌匀调味，关火后盛出即可。

功效：

玉米胚芽尖所含有的营养物质能促进人体的新陈代谢，调整神经系统功能，对小儿神经发育有积极作用。

材料：

橙子 40 克，日本豆腐 70 克，猕猴桃 30 克，圣女果 25 克，酸奶 30 克

做法：

1. 将日本豆腐去除外包装，切成棋子块；去皮洗好的猕猴桃切成片；洗净的圣女果切成片；橙子切成片。

2. 锅中注入适量清水，用大火烧开，放入日本豆腐块，煮半分钟至其熟透，捞出，装入盘中。

3. 把切好的水果放在日本豆腐块上，淋上酸奶即可。

功效：

猕猴桃含有丰富的维生素 C、钾、镁、纤维素、胡萝卜素、钙、氨基酸等营养成分。幼儿食用猕猴桃可以调中理气、生津润燥。

水果豆腐沙拉

四、5～6岁儿童一周食谱推荐

5～6岁宝宝应进一步增加米、面等食物的摄入量，各种食物都可选用，但仍不宜多食刺激性食物。此阶段的孩子饮食与成人饮食比较，仅主食中粮食的摄取量较少。当然，还是要注意膳食平衡、品种多样化、荤素菜搭配及粗细粮交替。烹调需讲究色、香、味，以引起孩子的兴趣，促进食欲。食品的温度应适宜，软硬适中，易被幼儿接受。

6岁左右的孩子开始换牙，所以仍要注意钙与其他无机盐的补充，可继续让孩子在早餐及睡前喝牛奶。在不影响营养摄入量的前提下，可以让孩子有挑选食物的自由。此外，仍应继续培养孩子形成良好的饮食习惯，讲究饮食卫生，与成人同餐时不需家长照顾等。此阶段如饮食安排不当，易患如缺铁性贫血、锌缺乏症、维生素 A 缺乏症、营养不良及肥胖症等营养性疾病。

燕麦香蕉奶昔

DAY 1

材料：

燕麦 80 克，香蕉 100 克，牛奶 80 毫升，酸奶 100 克

做法：

1. 香蕉去皮，切小块。
2. 将燕麦和香蕉块倒入榨汁机中，加入牛奶、酸奶，盖上盖，启动榨汁机，榨约 30 秒成奶昔。
3. 断电后揭开盖，将奶昔倒入杯中即可。

功效：

香蕉含有蛋白质、糖类、维生素等营养成分，具有清热润肠、增强免疫力等功效，适合幼儿食用。

蒸土豆

材料:

小土豆 350 克

做法:

1. 土豆洗净，切滚刀块，装入蒸盘中。

2. 蒸锅上火烧开，放入蒸盘，盖上盖，用中火蒸约 15 分钟，至土豆熟透。

3. 揭盖，取出蒸好的土豆，待稍微放凉后即可食用。

功效:

土豆含有膳食纤维、胡萝卜素、维生素、钾、铁、铜、硒、钙等营养成分，具有润肠通便、增强免疫力等功效。

材料:

鸡肉块 350 克，玉米块 170 克，胡萝卜 120 克，姜片少许，盐、鸡粉各 3 克，料酒适量

做法:

1. 洗净的胡萝卜切成小块；锅中注水烧开，倒入鸡肉块，汆去血水，捞出。

2. 砂锅中注水烧开，倒入鸡肉块、胡萝卜块、玉米块、姜片，淋入料酒拌匀，烧开后用小火煮约 1 小时。

3. 放入盐、鸡粉拌匀调味，关火后盛出即可。

功效:

玉米含有蛋白质、胡萝卜素、维生素 C、糖类、钙、磷、铁、硒、镁等营养成分，具有开胃益智、增强免疫力等功效，适合幼儿食用。

玉米胡萝卜鸡肉汤

生菜鸡蛋面

DAY
2

材料：

面条 120 克，鸡蛋 1 个，生菜 65 克，葱花少许，盐、鸡粉各 2 克，食用油适量

做法：

1. 鸡蛋打入碗中，打散，制成蛋液。

2. 用油起锅，倒入蛋液，炒至蛋皮状，关火后将炒好的鸡蛋盛入碗中。

3. 锅中注水烧开，放入面条拌匀，加入盐、鸡粉，拌匀，盖上盖，用中火煮约 2 分钟，揭盖，加入少许食用油。

4. 放入蛋皮，再放入洗好的生菜，煮至变软，关火后盛出煮好的面条，装入碗中，撒上葱花即可。

功效：

生菜含有大量的维生素和纤维素，搭配鸡蛋食用，对幼儿来说，是补充必需营养的绝佳途径。

葡萄桑葚蓝莓汁

材料：

葡萄 100 克，桑葚 30 克，蓝莓 30 克，柠檬汁少许，蜂蜜 20 克

做法：

1. 将葡萄、桑葚、蓝莓洗净。

2. 备好榨汁机，倒入洗好的葡萄、桑葚、蓝莓，再挤入柠檬汁，倒入少许清水，盖上盖，调转旋钮至 1 档，榨取果汁。

3. 将榨好的果汁倒入杯中，再淋上备好的蜂蜜即可。

功效：

桑葚含有胡萝卜素及多种维生素、微量元素等营养成分，能有效地扩充人体的血容量，具有补而不腻的特点。

材料：

水发木耳 80 克，去皮山药 200 克，圆椒、彩椒各 40 克，葱段、姜片各少许，盐、鸡粉各 2 克，蚝油 3 克，食用油适量

做法：

1. 洗净的圆椒和彩椒切开，去籽，切成块；洗净去皮的山药切开，再切成厚片。

2. 锅中注水，大火烧开，倒入山药片、泡发好的木耳、圆椒块、彩椒块拌匀，氽煮片刻至断生，将食材捞出，沥水；用油起锅，倒入姜片、葱段爆香，放入蚝油，再放入氽煮好的食材，加入盐、鸡粉，翻炒片刻至入味。

3. 将炒好的菜肴盛出装盘即可。

功效：

木耳的蛋白质含量是牛奶的 6 倍，钙、磷、纤维素的含量也不低，还含有甘露聚糖、葡萄糖及卵磷脂、麦角甾醇和维生素 C 等营养成分。

木耳山药

四季豆烧排骨

材料:

去筋四季豆 200 克,排骨 300 克,姜片、蒜片、葱段各少许,
生抽、料酒各 5 毫升,盐、鸡粉、水淀粉、食用油各适量

做法:

1. 洗净的四季豆切段;沸水锅中倒入洗好的排骨,汆煮去除血
水及脏污,捞出沥水,装盘。

2. 热锅注油,倒入姜片、蒜片、葱段,爆香,倒入汆好的排骨,
稍炒均匀,加入生抽、料酒,将食材翻炒均匀,注入适量清水,
倒入切好的四季豆段炒匀,加盖,用中火焖至食材熟软入味。

3. 揭盖,加入盐、鸡粉,炒匀,用水淀粉勾芡,将食材炒至收
汁,关火后盛出菜肴,装盘即可。

功效:

四季豆含有蛋白质、不饱和脂肪酸、维生素 C、铁等营养成分,
具有调和脏腑、益气健脾、消暑化湿、利水消肿等功效。

玉米小米豆浆

材料：

玉米碎 8 克，小米 10 克，水发黄豆 40 克

做法：

1. 将小米、玉米碎倒入碗中，放入已浸泡 8 小时的黄豆，搓洗干净，倒入滤网。
2. 将洗净的食材倒入豆浆机中，注入适量清水，至水位线即可，盖上豆浆机机头，开始打浆。
3. 待豆浆机运转约 20 分钟，即成豆浆，把煮好的豆浆用滤网过滤，倒入杯中即可。

功效：

玉米含有蛋白质、亚油酸、膳食纤维、钙、磷等营养成分，具有促进新陈代谢、开胃利胆、降血压、增强免疫力等功效。

材料：

猪肚块 400 克，蘑菇 30 克，姜片 20 克，枸杞子 15 克，盐、鸡粉、胡椒粉各少许，料酒 12 毫升

做法：

1. 锅中注水烧开，倒入猪肚，搅拌匀，加入少许料酒，汆煮一会儿，捞出；蘑菇洗净。
2. 砂锅中注入适量清水烧开，倒入猪肚、姜片、蘑菇、枸杞子，淋上少许料酒，盖上盖，烧开后用小火煮约 60 分钟，至食材熟透。
3. 揭盖，加入少许鸡粉、盐、胡椒粉，拌匀调味，再转中火续煮片刻，至汤汁入味，装入碗中即成。

功效：

猪肚含有蛋白质、脂肪、维生素、钙、钾、镁、铁等营养成分，有补虚损、健脾胃的功效，非常适合胃寒、消化不良者食用。

蘑菇猪肚汤

DAY
4

材料：

猪肉 100 克，四季豆 300 克，蒜 2 瓣，干红辣椒 2 个，拌饭酱 1 大勺，白糖 5 克，食用油适量

做法：

1. 将四季豆洗净后择去两端的筋，然后掰成 5 ～ 6 厘米的段；蒜和干红辣椒切成碎末，猪肉剁成肉馅。

2. 锅中放入适量油，烧热后放入四季豆，小火煸炒至四季豆外皮开始出现皱褶时，盛出沥油。

3. 另起锅加入少许底油，烧到七成热时，放入蒜末、辣椒末煸香；放入肉馅，用铲子快速将肉馅划散，调入拌饭酱，将肉馅炒熟。

4. 倒入之前煸过的四季豆翻炒几下，再调入白糖，翻炒 1 分钟，待调料和菜混合均匀后即可。

功效：

四季豆含有胡萝卜素、钙、B 族维生素、蛋白质和多种氨基酸。宝宝适量食用对脾胃很有益处，可以增进食欲。

材料：

雪梨 200 克，柠檬 70 克，蜂蜜 15 克

做法：

1. 洗净的雪梨去皮，去核，切小块；柠檬洗净，切小块。

2. 取榨汁机，把切好的水果放入搅拌杯中，加矿泉水，榨出果汁。

3. 加入蜂蜜，搅拌，把榨好的果汁倒入杯中即可。

功效：

雪梨含有柠檬酸、维生素 B_1、维生素 B_2、维生素 C、胡萝卜素等，具有生津润燥、清热化痰的功效。此外，雪梨含有的水分较多，有清心、除烦的作用。

柠檬雪梨汁

材料：

面条 100 克，鱼丸 2 颗，牛肉饺子 100 克，清鸡汤适量，盐 2 克，生抽 5 毫升，葱花、彩椒丝各适量

做法：

1. 锅中注入清水烧开，倒入面条、牛肉饺子，搅匀，煮 3 分钟至其熟软，将煮好的面条、饺子捞出，沥干水分。

2. 另起锅，锅中倒入鸡汤、鱼丸，加入盐、生抽，拌匀，煮至鱼丸熟软，将煮好的汤料盛入面和饺子中，撒上葱花、彩椒丝即可。

功效：

鱼肉含有丰富的镁元素，还富含维生素 A、铁、钙、磷等，适合儿童食用。

鱼丸肉饺细面

茄汁鱿鱼

DAY
5

材料:

鱿鱼 250 克,西红柿 150 克,香菜、番茄汁、盐、白糖、食用油各适量

做法:

1. 洗净的鱿鱼切成圈,西红柿剁碎。

2. 鱿鱼圈在沸水中过水,再放入凉水中浸泡片刻,捞出。

3. 热锅注油烧热,倒入西红柿碎,加少许盐、白糖翻炒片刻成汁。

4. 倒入鱿鱼圈翻炒,加少许番茄汁炒匀,盛出撒上香菜即可。

功效:

鱿鱼除富含蛋白质和人体所需的氨基酸外,还含有大量的牛磺酸,可抑制血液中的胆固醇含量,缓解疲劳,改善视力,改善肝脏功能。

材料：

苹果 100 克，柠檬汁少许，蜂蜜
20 克

做法：

1. 将苹果洗净，切小块。
2. 备好榨汁机，倒入苹果块，再
挤入柠檬汁，倒入少许清水，盖上
盖，调转旋钮至 1 档，榨取果汁。
3. 将榨好的果汁倒入杯中，再淋
上备好的蜂蜜即可。

功效：

苹果性凉，味甘、微酸，入脾、
胃经。适当吃苹果对脾胃虚弱所
导致的恶心、呕吐、腹痛、腹胀、
食欲缺乏、消化不良等症状有缓解
作用。

苹果蜂蜜汁

材料：

西瓜半个，奶酪 1 块，柠檬汁、黑
胡椒、橄榄油各适量

做法：

1. 将西瓜切成长条块，把瓜肉切成
小正方体。
2. 将奶酪切成厚块，改切小正方体。
3. 将奶酪块和西瓜块堆成魔方形状，
淋上橄榄油，撒上黑胡椒，再挤上
柠檬汁即可。

功效：

橄榄油能改善消化系统功能，促进
胆汁分泌，激化胰酶的活力，从而
可以起到防治胃溃疡、十二指肠溃
疡和胆道疾病的作用。

西瓜方砖

蔬菜鸡肉拌面

**DAY
6**

材料：

面条 80 克，酸萝卜、黄豆芽各 20 克，鸡胸肉 60 克，葱花、红彩椒丝各少许，生抽 6 毫升，盐、鸡粉各 3 克，芝麻酱 8 克，水淀粉、芝麻油、食用油各适量

做法：

1. 鸡胸肉洗净切丝，装入碗中，加入盐、鸡粉、水淀粉、食用油，拌匀，腌渍约 10 分钟，至其入味。

2. 锅中注水烧开，加入食用油、黄豆芽，煮至断生，捞出。

3. 沸水锅中放入面条，煮约 2 分钟至其熟软，捞出，装入盘中。

4. 热锅注油，倒入鸡肉丝，滑油至变色，捞出，沥干油；取碗，放入面条、鸡肉丝、酸萝卜、黄豆芽、生抽、盐、鸡粉、芝麻油、芝麻酱、葱花，拌匀，另取碗，盛入拌好的凉面，装饰红彩椒丝即可。

功效：

黄豆芽含有蛋白质、糖类、维生素 C、维生素 E、胡萝卜素、钙、磷、铁等营养成分，具有利水渗湿、清热等功效。

柠檬手撕鸡

材料：

鸡腿 3 个，柠檬 1 个，小米辣圈、香菜段、葱段、姜片、蒜末、盐、白糖、酱油、米醋、芝麻油、辣椒油各适量

做法：

1.将柠檬切片；锅中注水烧开，放入葱段、姜片，水开后放入鸡腿，煮 15 分钟，捞出，放进冰水中。

2.将放凉的鸡腿肉撕成小段，放入一个大碗中，加入切好的柠檬片、小米辣圈、香菜段、蒜末、盐、白糖、酱油、米醋、芝麻油、辣椒油，搅拌均匀装盘即可。

功效：

柠檬除了抗菌及提升免疫力，还有开胃消食、生津止渴及解暑的功效。

材料：

松仁 20 克，丝瓜块 90 克，胡萝卜片 30 克，姜末、蒜末各少许，盐 3 克，鸡粉 2 克，水淀粉 10 毫升，食用油 5 毫升

做法：

1.砂锅中注水烧开，加入食用油，倒入洗净的胡萝卜片、丝瓜块，焯至断生，捞出。

2.用油起锅，倒入松仁，滑油翻炒片刻，将松仁捞出。

3.锅底留油，放入姜末、蒜末爆香，倒入胡萝卜片、丝瓜块炒匀，加入盐、鸡粉，翻炒片刻至入味，倒入水淀粉炒匀，盛出，装入盘中，撒上松仁即可。

功效：

丝瓜与松仁搭配食用，有润肠通便、促进消化的作用。

松仁丝瓜

墨西哥西红柿黑豆饭

DAY 7

材料：

鸡胸肉 40 克，煮熟的黑豆 100 克，西红柿 100 克，香菜 15 克，牛奶 100 毫升，米饭 150 克

做法：

1. 洗好的西红柿切小块，香菜切碎，洗好的鸡胸肉切丁。

2. 将米饭倒入碗中，再放入牛奶拌匀，放入鸡肉丁、黑豆、西红柿块、香菜碎，搅拌匀。

3. 另取一碗，将拌好的食材装入碗中，放入烧开的蒸锅里，盖上盖，用中火蒸 10 分钟至熟。

4. 揭盖，把蒸好的米饭取出，待稍微冷却后即可食用。

功效：

黑豆含有丰富的营养元素，如钙、磷、铁、锌、铜、镁、硒等，能满足大脑发育的需求。

鸡胸肉炒西蓝花

材料：

鱿鱼 120 克，花椰菜 130 克，洋葱 100 克，南瓜 80 克，肉末 90 克，葱花少许，盐 3 克，鸡粉 4 克，生粉 10 克，芝麻油 2 毫升，叉烧酱 20 克，水淀粉、食用油各适量

做法：

1. 将洗净的花椰菜、南瓜切块；洗净的洋葱剁成末；处理干净的鱿鱼剁成泥状。

2. 锅中注水烧开，加少许盐、食用油、鸡粉，放入花椰菜块、南瓜块煮熟捞出；把鱿鱼肉放入碗中，加入肉末、盐、鸡粉、生粉、洋葱末、芝麻油、葱花拌匀；将肉馅挤成肉丸，放入沸水锅中，煮熟捞出；将花椰菜、南瓜摆入盘中，放上肉丸。

3. 起锅，倒入适量清水，加入叉烧酱，搅拌匀，煮沸，放入少许盐、鸡粉、水淀粉，调成稠汁，浇在盘中菜肴上即可。

功效：

本菜品富含多种维生素和无机盐，尤其富含的锰元素，有助消化、健脑益智等功效。

材料：

西蓝花 150 克，鸡胸肉 200 克，蒜片少许，盐、白糖各 2 克，胡椒粉 3 克，生抽、水淀粉各 5 毫升，料酒 10 毫升，食用油适量

做法：

1. 洗净的西蓝花切小块；鸡胸肉切块，装碗，加入少许盐、料酒、水淀粉、食用油，拌匀腌渍。

2. 用油起锅，倒入鸡肉块翻炒约 2 分钟至变色，盛出装盘。

3. 另起锅注油，倒入西蓝花、蒜片，炒香，加入料酒，炒匀，再倒入鸡肉块，加入胡椒粉、生抽、白糖，炒匀至入味，盛出即可。

功效：

宝宝常吃西蓝花，可促进生长发育，维持牙齿及骨骼正常，保护视力，提高记忆力。

鱿鱼丸子

PART 5

食物中的营养主要是由脾胃加工并输送到全身各处的，可以说，是脾胃为孩子的成长提供了源源不断的能量。父母要懂得调理，帮助孩子养出好脾胃，才能让孩子胃口好，吸收营养充分，从而轻松告别营养不良、积食、腹泻、便秘等症带来的烦恼。

第五章

养好脾胃，让孩子拥有好胃口

一、父母要知道孩子的脾胃是否健康

脾胃是气血生化之源，是后天之本，是孩子成长的关键脏腑。脾胃受损有可能导致厌食、积食、易感冒等，要想孩子茁壮成长，父母就要知道孩子的脾胃是否健康。

脾胃健康自查

人体是一个有机的整体，当孩子脾胃虚弱时，会通过身体其他部位的外在表现反映出来。父母通过对这些部位的观察，可以及时了解孩子脾胃的状况。

◎ 气色看脾胃

脸是人体健康状况的一面镜子，通过看脸，可以观察到人体脏腑、气血、精气等的变化，对了解脾胃状况具有相当重要的意义。如果孩子的面色变红或变白，说明脾病较轻，容易治愈；如果面色变青或变黑，说明脾病相对严重，要立即就医。

◎ 鼻子的色泽变化反映胃部状况

鼻头是脾脏的反射区，鼻翼是胃腑的反射区，当脾胃发生疾病时，其相应的部位就会有所反映。

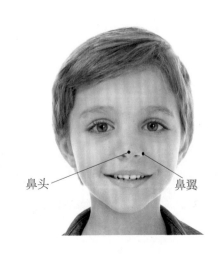

鼻头   鼻翼

鼻子	不同状态对应的病症	
鼻头	鼻头发红、肿大	脾热或脾大，会感觉头重、脸颊疼、心烦
	鼻头发黄、发白	脾虚、出汗多、倦怠、食欲缺乏
鼻翼	鼻翼灰青	胃寒、易受风寒、易腹泻、手指冰凉
	鼻翼发红	胃火大、易饥饿、口臭
	鼻翼有明显红血丝	胃炎
	鼻翼部扁青	萎缩性胃炎、易引发胃癌
	鼻翼薄且沟深	萎缩性胃炎

◎ 口唇反映脾胃情况

口唇与脾的联系尤为密切，是了解脾胃状况的重要窗口之一。了解孩子口味、唇色的变化，可以帮助父母了解孩子的脾胃是否健康。

饮食口味与脾胃运化关系密切，口味的正常与否依靠于脾胃的运化功能。如果脾失运，往往会出现口淡无味、口甜、口苦、口腻等口味异常的感觉，从而影响食欲。此外，唇色的变化也能反映出脾胃状况。

嘴唇	不同状态对应的病症	
唇色	下唇深红而晦涩	脾虚、食欲缺乏、乏力
	唇色红如血，两唇闭合处隐见烟熏色	三焦炽热
	外侧红如血，内侧淡白	脾胃虚寒
	唇色发黄	饮食内伤、湿热郁于肝脾、头晕、困乏
口唇	干燥、脱皮	津液已伤、脾热
唾液	唾液分泌量多	脾肾阳气不足
	病后唾液多	胃寒

◎ 舌头知健康

舌头是辨别味道的主要器官，通过对舌形、舌苔、舌质的观察，能获取人体脾胃的健康情况。

舌头		不同状态对应的病症	
舌形	当体内有病时，舌形发生异常变化	舌头萎缩	心脾两虚、四肢倦怠
舌苔	舌面上的苔垢，正常情况下薄白而清净	舌苔黄色	胃热炽盛、胃肠实热、脾胃热滞
		舌苔白色	脾阳虚衰、寒湿侵体
		舌苔灰黑色	脾阳虚衰、湿热内蕴
舌质	舌的主体，正常舌质呈淡红色	颜色浅淡、红少白多	脾虚湿寒、气血两虚

◎ 手掌细节隐藏的秘密

手是脾胃状况的"地图"，摊开手掌，就能观察到脾胃变化，从而发现孩子身体健康状况的秘密。

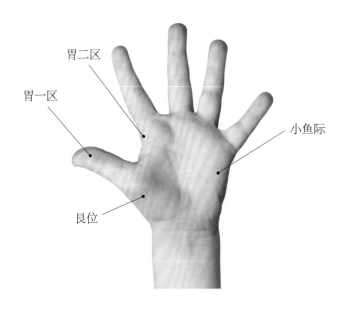

胃二区

胃一区

小鱼际

艮位

看手部	不同状态对应的病症	
一看 手掌胃区	出现片状白色亮点、水肿	急性胃炎
	出现黯淡的青色、凹陷或凸起	慢性胃炎
	出现黑色圆环，圆环内皮肤枯白	胃溃疡
	出现鲜红色斑点	胃出血
	出现棕黄色或暗青色斑块	胃癌
二看 手掌胖瘦	手掌肌肉板硬坚实、缺乏弹性、颜色晦暗	脾胃气血失和、消化不好、新陈代谢慢
	手掌小鱼际肉少	慢性结肠炎、胃肠功能不好
	小鱼际和小指边缘的肌肉下陷，皮肤无光泽	脾主肌肉功能失调、腹泻、腹痛
三看 手掌肌肉	艮位肌肉凹陷、松软	脾胃虚弱、营养不良、免疫功能下降
	艮位颜色过红	脾胃火盛、可能伴有肠燥便秘
	艮位呈深红色	脾胃有痰火、口臭
	艮位呈苍白、青黄色，出现井字纹，并有青筋浮起	慢性消化系统疾病
	艮位呈淡黄色	脾胃气血亏虚、消化功能低下
	艮位有大方格形纹、平行四边形纹、菱形纹	脾胃功能紊乱、腹胀

孩子易积食，多半是脾胃不和

脾和胃是人体消化系统的"首领"，胃负责消化食物，脾负责将营养送出。它们的关系非常密切，如果胃很强壮而脾很虚弱，就会产生不和，胃里的营养不能被送出，而使食物越堆越多，就会带来一系列的影响，孩子积食多半就来源于此。

如果孩子积食，父母就要帮助调节其脾胃关系，使它们"通力合作"，才能完成吃得下、消化掉、吸收好的过程，这就要求父母在日常生活中多引导孩子。

让孩子在相对固定的时间进餐，吃的量相对均衡，不要饥一顿、饱一顿，要让脾胃形成稳定的"工作模式"。

让孩子少吃生冷、寒凉的食物，脾喜温热，胃能消化的食物不代表脾能接受，长此以往就会导致脾胃不和。

控制孩子进食油腻食物，不管是脾还是胃，都承受不了过于油腻的食物，否则很容易因为消化不良而产生积食。

总之，就是要帮助孩子做到正常饮食，让脾胃不受外来刺激，脾胃合作才能让孩子营养充足、不积食。

脾虚让孩子易胖难瘦

人体脾胃虚弱，水湿运化功能就会失调，于是体内湿邪聚集，造成新陈代谢停滞，而胃里又在不断增加食物，这个时候就很容易产生"喝口凉水都长肉"的小胖墩儿。如今"多肉"型的孩子越来越多，特别是那些吃东西不多却不停长肉的孩子，父母要擦亮双眼，注意辨别孩子脾胃是否虚弱。

有调查显示，90%的肥胖孩子都有体虚的症状，而且这个体虚还与脾胃功能虚弱密不可分。当孩子出现虚胖、体虚、消化功能差等问题时，家长要做好健脾和利湿两方面的工作。相较于药物治疗，日常饮食调养更适合，比如给孩子适当吃些碱性食物，如苹果、大豆、菠菜等，将这些食物做成孩子喜欢的口味，不仅

利于排湿，还能起到促进脾胃运化的作用。此外，饮食不要过于精细，吃些五谷杂粮也能促进湿邪外排。只有饮食合理，才能保护好孩子的脾胃，改善脾胃虚弱带来的虚胖。

睡觉半睁眼、流口水，都与脾有关

很多家长观察到，孩子睡觉时总是半睁着眼睛，并露出一条缝，中医称之为"睡卧露睛"，与小儿脾胃功能失调关系密切。因为人的下眼皮由脾主管，当脾气不足或者脾胃功能失调时，就会出现睡觉半睁眼的现象。

此外，如果孩子2岁之后还在不停地流口水，家长就要注意了，这可能是小儿脾胃不和的表现。中医认为"脾在液为涎"，涎就是口水。一般来说，孩子脾胃功能失调，水液不化终而上逆，而且脾胃蓄冷或者脾胃湿热，也会导致津液不收，孩子口中唾液分泌较多，津津不止，自然就会产生流口水的现象。

不管是以上哪种现象，父母都不能掉以轻心，要及时帮孩子调和脾胃，将潜在的健康问题扼杀在"萌芽"状态。孩子脾胃好，身体才能好。

二、养护脾胃的方法

如果通过饮食调理就能让孩子少生病，这应该是每位家长都想看到的。要想孩子脾胃健康，家长首先要从饮食环节入手，不仅要让孩子吃得好，更要让孩子吃得健康。

科学搭配一日三餐

要想让孩子一日三餐吃得营养均衡、饮食得当，就不能完全按照习惯或者喜好来，需要一些科学指导。"早餐宜好，午餐宜饱，晚餐宜少"，吃好三餐，才能养好脾胃。

一日三餐	进食时间	食物推荐
早餐	起床后半小时左右，7～9点	宜清淡易消化，同时要保证营养，粥、面、包点、软饼、牛奶、水果等都可以选择
午餐	午餐建议在13点之前吃完	注意食物的搭配，多吃富含优质蛋白质的食物，如鱼、瘦肉、鸡蛋等
晚餐	17～19点	吃些清淡易消化的食物，如米粥、汤

按部就班添加辅食

宝宝的脾胃功能很娇弱，辅食添加要遵循一定的原则，否则很容易造成消化不良、过敏等问题。

由一种到多种。从营养成分较为单一的食物（如婴儿米粉）开始添加，让宝宝从口感到胃肠都逐渐适应以后再添加第二种，循序渐进。

由少到多。例如，给宝宝添加蛋黄，开始先加 1/8，如果宝宝没有异常，就可以增加到 1/4；如果宝宝出现过敏或排便异常，就应该暂停添加，等宝宝恢复后，再从 1/8 个蛋黄开始。

由稀到稠。辅食添加要依据宝宝口腔发育的特点，由稀到稠，可以从米糊、蔬菜汁，到果泥、菜泥，再到蔬菜碎、软米饭等。宝宝适应蔬菜、水果后再慢慢添加鱼、肉等食物。

吃饭要细嚼慢咽

孩子吃得太快，食物没有被充分咀嚼就咽下去，脾胃就要花费很大的力气消化大块食物，消化负担自然就加重了。越细碎的食物脾胃越喜欢，父母要培养孩子细嚼慢咽的习惯。

每餐用时至少 20 分钟。从吃饭开始直到 20 分钟以后，大脑才会发出已经吃饱的信号。如果孩子吃得过快，用餐时间不足以等到大脑发出的信号，就会因为没吃饱而增加进食量，从而也加重了脾胃负担，还存在长胖的风险。

每一口饭都要细细咀嚼。咀嚼的过程也是与唾液充分混合的过程，这正是促

进消化的"原动力"。被咀嚼成细小颗粒的食物进入胃里，减轻了胃部消化负担，食物被充分消化分解，身体才能获得更多的能量和营养。

给孩子选个小点儿的勺子。在小勺子的帮助下，孩子每一口的进食量不会太多，这样就有充分的时间和空间，既能细细咀嚼食物，又能享受食物的味道，从而养成细嚼慢咽的进餐习惯。

在两餐之间进食水果

新鲜的水果富含多种维生素，是孩子每天必不可少的食物。如果进食的时间不对，就会影响孩子的脾胃，反而会起到反作用。

如果在吃饭之前进食水果，腹部本就空虚，当水果中的大量果酸释放，会让胃更加受刺激，就会更饿；饭后胃内食物饱胀时吃水果，会让胃动力减弱，还有可能造成积食。专家建议，进食水果要选在两餐之间，也就是饭后两小时左右再吃水果。此时胃中的食物已经消化掉大部分，进食水果后的果酸可以促进剩余食物的消化，而且离下一餐还有一段时间，不会造成积食的情况。

需要提醒家长的是，不要因为两餐之间的时间段适合孩子吃水果，就让孩子大量进食，所有的食物都要按照不过量、不贪吃的原则，否则会加重孩子的消化负担。

让孩子爱上吃青菜

好像不爱吃青菜是很多孩子的共性。不吃蔬菜不仅营养摄入不全面，还会养成挑食的毛病，家长不能任其发展下去，不妨试试以下这些妙招。

在烹饪上下功夫，将孩子不喜欢的食物变换造型，或者和童话故事联系起来，例如说"大力水手爱吃菠菜"，也会促进孩子的食欲。

将青菜做成羹、馅料或者蔬菜汁，化整为零，"藏"在孩子看不见的地方，让孩子在不知不觉中吃下去。

用其他同类营养的果蔬来代替青菜。例如，孩子不喜欢吃胡萝卜，那就多准备一些西蓝花、豌豆苗，实现营养成分的互补。

拒绝重口味

重口味并不是只有重辣、重油，如油炸食品，高糖、高油的食物也属于重口味，孩子长久食用，会觉得白饭、青菜淡而无味，很可能养成挑食的习惯，而且重口味的食物对孩子身体健康的影响是很严重的。

在孩子刚接触食物时，父母就要有意识地选择一些无添加、相对清淡的食物来喂养孩子，抓住孩子口味养成的关键期。进食之后，一定要用清水漱口。如果孩子已经有重口味的倾向，父母在调味料上要慢慢减少用量，同时还要少食用半加工的食物，养成良好的进食习惯，才能让孩子的脾胃少受伤害。

三、养脾胃必吃的食物

生菜

能量：15千卡/100克

每日用量： 100 克

生菜具有清热安神、清肝利胆、养胃的功效。生菜能降低胆固醇，辅助治疗神经衰弱等症状；所含有的维生素 C 还能有效缓解牙龈出血；能刺激消化、增进食欲、利尿、促进血液循环，有利于孩子增强免疫力。

注意事项：
生菜凉拌、炒、做汤均可，凉拌更容易保留其营养素。可用淡盐水浸泡片刻后再洗净，清除农药残留。

油菜

能量：23千卡/100克

每日用量： 150 克

油菜具有活血化瘀、消肿解毒、促进血液循环、润肠通便、美容养颜、强身健体等功效，对游风丹毒、手足疖肿、乳痈、习惯性便秘、老年人缺钙等病症有食疗作用。

注意事项：
口腔溃疡者、口角湿白者、齿龈出血者、牙齿松动者、瘀血腹痛者、癌症患者宜多食。孕早期妇女、小儿麻疹后期、疥疮和狐臭患者忌食。

菠菜

能量：24 千卡/100 克

每日用量： 50 ~ 300 克

菠菜含有大量的植物粗纤维，具有促进肠道蠕动的作用，利于排便，且能促进胰腺分泌，帮助消化，对预防和治疗小儿便秘有疗效。菠菜中所含的胡萝卜素在人体内可转变成维生素 A，能维护正常视力和上皮细胞的健康，增强预防传染病的能力，促进儿童生长发育。

注意事项：

挑选叶色较青、新鲜、无虫害的菠菜为宜。冬天可用无毒塑料袋保存，如果温度在 0℃以上，可在菠菜叶上套上塑料袋，口不用扎，根朝下戳在地上即可。

卷心菜

能量：22 千卡/100 克

每日用量： 100 ~ 350 克

卷心菜富含叶酸，叶酸属于 B 族维生素的一种，对巨幼细胞贫血和胎儿畸形有很好的预防作用；卷心菜富含维生素 C、维生素 E 和胡萝卜素等，维生素总含量比一般蔬菜都要高，所以它具有很好的抗氧化作用及抗衰老作用，对儿童预防疾病有很好的作用。

注意事项：

卷心菜可凉拌，可做成沙拉、蔬菜汁等，能更好地保留其营养成分。炒食卷心菜宜大火快炒，原则就是不能加热太久，以免其中的维生素遭到破坏；若用来煲汤，需在汤品煲好之后出锅前再放入卷心菜，烫熟即可。

每日用量： 50 ~ 200 克

芹菜是高纤维食物，它经肠内消化作用会产生一种叫木质素或肠内酯的物质，这是一种抗氧化剂，高浓度时可抑制肠内细菌产生的致癌物质；还可以加快粪便在肠内的运转。

注意事项：

在食用芹菜时，很多人习惯将芹菜叶去掉，只留其茎秆，这是一种错误的做法。其实芹菜叶的营养要高于芹菜茎，甚至要高出好几倍。

能量：24 千卡/100 克

芹菜

每日用量： 100 ~ 500 克

莴笋含有大量植物纤维素，能促进肠壁蠕动，通利消化道，帮助大便排泄，可用于治疗各种便秘，对预防疾病、提高免疫力有奇效。莴笋的含钾量也较高，有利于促进排尿，减少对心房的压力。

注意事项：

莴笋性凉，多动症儿童及眼病、痛风、脾胃虚寒、腹泻便溏患者不宜食用。焯莴笋时一定要注意时间和温度，焯的时间过长、温度过高会使莴笋绵软，失去清脆口感。

能量：14 千卡/100 克

莴笋

每日用量： 100 ~ 500 克

丝瓜中维生素 C 的含量较高，能促进代谢，提高人体免疫功能，预防疾病；能保护皮肤、消除斑块，使皮肤洁白；可用于预防各种维生素 C 缺乏症。

注意事项：

丝瓜是寒凉性质的蔬菜，脾胃虚寒和消化功能低下的儿童要谨慎食之。

丝瓜

能量：20 千卡 /100 克

每日用量： 100 ~ 500 克

南瓜含有丰富的胡萝卜素和维生素 C，能保肝护肝，保护视力，还能预防癌症。南瓜是黄色蔬果，其含有维生素 A 和维生素 D，维生素 A 能保护胃黏膜，防止胃炎，而维生素 D 能促进钙、磷等无机盐的吸收，能促进骨骼生长，也能防止小儿佝偻病。

注意事项：

南瓜一般和肉类炖煮食用，有利于营养析出，营养吸收更好，南瓜所含的类胡萝卜素较耐高温，加油脂烹炒有助于人体吸收。

南瓜

能量：22 千卡 /100 克

每日用量： 100 ~ 500 克

冬瓜能清热解暑、除烦，尤为适宜夏季食用。其富含较多的维生素 C，而维生素 C 具有很强的抗氧化性能，能增强机体免疫力，预防疾病。可以熬制冬瓜茶适当地给孩子喝，其解暑的效果尤佳，可以给炎热的夏季带来丝丝凉爽。

注意事项：

冬瓜有利尿、清热、化痰、解渴的功效，适宜心烦气躁、热病口干烦渴、小便不利者食用。冬瓜性寒，脾胃虚弱、肾脏虚寒者不宜食用。

冬瓜

能量：11千卡/100克

每日用量： 100 ~ 450 克

花椰菜的维生素 C 含量极高，不仅有利于人的生长发育，还能促进肝脏解毒，增强人的体质，增加抗病能力，提高体机免疫功能。

注意事项：

花椰菜容易生菜虫，而且常有农药残留，所以在食用前，最好将花椰菜放在盐水里浸泡几分钟，以免对孩子健康造成威胁。另外，在食用时要督促孩子多咀嚼几下，否则不利于消化。

花椰菜

能量：24千卡/100克

西蓝花

能量：33千卡/100克

每日用量： 100 ~ 500 克

常食用西蓝花不但能增强机体的免疫能力，还能提高肝脏的解毒能力，促进有毒物质的排出，从而达到预防疾病的效果。此外，西蓝花中还含有类黄酮物质，能防止病菌感染，对小孩的健康起到保护作用。

注意事项：

西蓝花焯水后凉拌或者快炒食用比较好，能较好地保留其营养成分和脆嫩的口感。西蓝花焯水后，应放入凉开水内过凉，捞出沥净水再食用。西蓝花不宜煮得过软，以保留其营养成分。

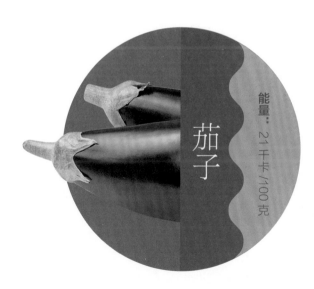

茄子

能量：21千卡/100克

每日用量： 100 ~ 500 克

茄子含有皂草苷，可促进蛋白质、脂质、核酸等的合成，提高其供氧能力，改善血液流动，防止血栓，提高免疫力。茄子含丰富的维生素，尤其是维生素 P，这种物质能增强人体细胞间的黏着力，增强毛细血管的弹性，减低毛细血管的脆性及渗透性，防止微血管破裂出血，使心血管保持正常的功能。

注意事项：

茄子的营养价值较高，在食用时最好不要去皮，因为皮中含有丰富的营养。另外，茄子不宜生吃，以免中毒。茄子能清热解暑，对小儿长痱子有较好的疗效。

甜椒

能量：19千卡/100克

每日用量： 50 ~ 150 克

甜椒性温，具有温中消食的功效，对小孩食积引起的食欲缺乏、消化不良有奇效。另外，甜椒还能促进机体新陈代谢，排除体内毒素，对小孩的健康有益。

注意事项：

新鲜的甜椒大小均匀，色泽鲜亮，闻起来具有瓜果的香味；而劣质的甜椒大小不一，色泽较为暗淡，没有瓜果的香味。保存时宜冷藏，也可置于通风干燥处储存，温度不宜过高。

香菇

能量：19千卡/100克

每日用量： 50 ~ 200 克

香菇含有香菇多糖，能提高辅助性 T 细胞的活力而增强人体免疫功能，可降低 3- 甲基胆蒽诱发肿瘤的能力，对癌细胞有强烈的抑制作用。香菇中含有丰富的维生素 D，对孩子因缺乏维生素 D 而引起血磷、血钙代谢障碍导致的佝偻病有益，还可预防人体各种黏膜及皮肤病。

注意事项：

香菇可用炒、炖、煮、涮火锅、煲汤、做馅等多种方式烹饪，营养美味。烹饪前，香菇要在水里（冬天用温水）提前浸泡一天，经常换水并用手挤出菌杆内的水，这样既能泡发彻底，又不会造成营养大量流失。

金针菇

能量：26千卡/100克

每日用量： 50 ~ 250 克

金针菇含有人体必需的氨基酸，其中赖氨酸和精氨酸含量尤其丰富，对儿童的身高和智力发育有良好的作用，人称"增智菇"。金针菇中还含有一种叫朴菇素的物质，可以增强机体对癌细胞的防御能力，常食还能降胆固醇，预防肝脏疾病和胃肠道溃疡，增强机体正气，防病健身。

注意事项：

储存金针菇时，可用热水烫一下，再放在冷水里泡凉，再冷藏，这样可以保持原有的风味，0℃左右约可储存 10 天。

黑木耳

能量：21千卡/100克

每日用量： 50 ~ 150 克

黑木耳中铁的含量极为丰富，可防治缺铁性贫血。黑木耳含有维生素 K，能减少血液凝块，预防血栓的形成，有防治动脉粥样硬化和冠心病的作用。

注意事项：

干黑木耳泡发后可拌、炒、烩、煲汤、做馅等。鲜木耳有小毒，吃后易引发皮炎，因此不宜吃鲜木耳。

土豆

能量：76千卡/100克

每日用量： 100 ~ 450 克

土豆含有丰富的维生素 B_1、维生素 B_2、维生素 B_6 等 B 族维生素及大量的优质纤维素，还含有微量元素、蛋白质、脂肪等营养元素，能宽肠通便，帮助机体及时代谢毒素，防止便秘，预防肠道疾病的发生；还含有大量的淀粉，能提供丰富的营养能源，增强机体的免疫功能。

注意事项：

土豆含有一些有毒的生物碱，主要是茄碱和毛壳霉碱，在其发芽时达到极大值，故发芽的土豆不要食用。

百合

能量：343千卡/100克

每日用量： 5 ~ 15 克（干）；

20 ~ 60 克（鲜）

百合能促进和增强单核细胞系统的吞噬功能，提高机体的免疫能力，对多种癌症均有较好的防治效果。百合鲜品还含有黏液质，具有润燥清热的作用。

由于孩子免疫力较低，很容易受凉感冒，从而引发咳嗽、惊恐、睡不着等症状，而百合具有润肺止咳、定惊安神的作用。

注意事项：

新鲜百合宜存储在冰箱里；干品的百合宜放在干燥容器内并密封，放置在冰箱或通风干燥处。

山药

能量：56千卡/100克

每日用量： 50 ~ 200 克（鲜品）

山药含有淀粉酶、多酚氧化酶等物质，有利于脾胃消化吸收，是一味平补脾胃的药食两用之品。山药的药用价值也很高，8 ~ 12 月份是小儿腹泻高发的时间段，此时如果适当地食用一些山药，对小儿腹泻有防治作用。

注意事项：

山药淀粉含量高，在吃山药等薯类的同时，要减少粮谷类主食的摄入量。最好采用蒸、煮、烤的方式烹调，少用油炸。

胡萝卜

能量：25千卡/100克

每日用量： 50 ~ 500 克

胡萝卜的营养较丰富，其含有的 B 族维生素和叶酸有抗癌作用，经常食用可以增强人体的抗癌能力。胡萝卜还含有丰富的铁元素，能预防贫血和治疗轻度贫血症。另外，胡萝卜含有膳食纤维，与其他蔬菜搭配食用，通便效果很明显。

注意事项：

焯胡萝卜时一定要注意时间和温度，焯的时间过长、温度过高都会使胡萝卜失去清脆的口感。

黄瓜

能量：15千卡/100克

每日用量： 100 ~ 500 克

黄瓜中含有较高的葫芦素 C，具有提高人体免疫力的作用，可达到抗肿瘤、预防疾病的目的。此外，该物质还可治疗慢性肝炎。黄瓜含有丰富的 B 族维生素，对改善大脑和神经系统功能有利，能安神定志，辅助治疗失眠症，对小孩的健康成长及发育有益。

注意事项：

黄瓜可以和豆腐搭配食用，既能清热解暑，又能解毒消炎，还易于消化吸收，对消化功能相对较弱的小孩而言，是一道不错的膳食。

西红柿

能量：19千卡/100克

每日用量： 100 ~ 500 克

西红柿富含维生素 A、维生素 C、维生素 B_2 以及胡萝卜素和钙、磷、钾、镁、铁、锌、铜、碘等多种营养元素，还含有蛋白质、糖类、有机酸、纤维素等，具有生津止渴、健胃消食、清热解毒、凉血平肝、补血养血和增进食欲的功效。

注意事项：

西红柿不宜生吃，更不能空腹食用，因为西红柿中的可溶性收敛剂能与胃酸结合形成不溶于水的块状物，食后很容易导致腹痛、肠胃不适等。

莲藕

能量：70 千卡 /100 克

每日用量： 100 ~ 450 克

莲藕中含有丰富的维生素 K，具有收缩血管和止血的作用。藕汁中还含有一定的鞣质，有健脾止泻的作用，能增进食欲，促进消化，开胃健中，有益于胃纳不佳、食欲缺乏、小儿消化不良者恢复健康。

注意事项：

莲藕根据其横切面孔的数量可分七孔藕和九孔藕。七孔藕的淀粉含量较高，水分少，糯而不脆，适宜用来做汤；九孔藕的水分含量高，脆嫩汁多，用来凉拌或清炒最为合适。

马蹄

能量：59 千卡 /100 克

每日用量： 3 ~ 10 个

马蹄能清热止渴、化痰利湿，孩子在夏天吃些马蹄，既消暑，又能提高食欲。咽喉肿痛、发热的孩子也可适当食用。

注意事项：

不要生吃，要洗净、去皮、煮透后方可食用，而且煮熟的马蹄更甜。

苹果

能量：52 千卡/100 克

每日用量：1 ~ 2 个

苹果富含粗纤维，可促进肠胃蠕动，协助人体顺利排出废物，减少有害物质对皮肤的危害，预防肠癌等疾病。苹果还含有维生素 C，是心血管的"保护伞"、心脏病患者的健康元素。维生素 C 还能提高机体的免疫力。

注意事项：

苹果一般直接食用，也可做沙拉、果汁，苹果皮上可能会有残留的农药，最好用水反复清洗。苹果还可以进行任何形式的烹调，如蒸、煮、炖、煲汤、做苹果茶等。

梨

能量：44 千卡/100 克

每日用量：2 ~ 3 个

梨含有大量蛋白质、脂肪及钾、钠、钙、镁、硒、铁、锰等无机盐和葡萄糖、果糖、苹果酸、胡萝卜素及多种维生素。此外，梨所含的配糖体及鞣酸等成分，能祛痰止咳，对咽喉有养护作用；梨中的果胶含量很高，有助消化、通利大便。

注意事项：

吃梨时最好细嚼慢咽，这样才能更好地让肠胃吸收。

每日用量： 2 ~ 4 个

橙子含有丰富的维生素C，能增强人体免疫力，亦能将脂溶性有害物质排出体外。橙子能防止致癌的自由基被氧化，是名实相符的抗氧化剂。橙子还含有纤维素，可促进肠道蠕动，有利于清肠通便，排出体内有害物质。

注意事项：

饭前或空腹时不宜食用，否则橙子所含的有机酸会刺激胃黏膜，容易导致胃炎。

橙子　能量：47 千卡/100 克

每日用量： 3 ~ 10 枚

草莓具有润肺生津、健脾和胃、利尿消肿、解热祛暑的功效。草莓富含维生素C，能消除细胞间的松弛与紧张状态，使脑细胞结构坚固，皮肤细腻有弹性，对大脑和智力发育有重要影响。

注意事项：

草莓不宜放在温度高的地方，适宜在10℃以下的阴凉处保存，温度过高会使草莓腐烂变质。

草莓　能量：30 千卡/100 克

葡萄

能量：43 千卡/100 克

每日用量： 100 ～ 500 克

葡萄含有 15% ～ 25% 的葡萄糖以及多种对人体有益的无机盐和维生素。在炎炎夏日，食欲不佳者时常食用葡萄有助开胃、补充营养。葡萄还是一种滋补药品，具有补虚健胃的功效，身体虚弱、营养不良的人多吃葡萄或葡萄干，有助于身体恢复健康。

注意事项：

吃葡萄最好连葡萄皮一块吃，因为皮中的营养成分非常丰富，就连葡萄汁也逊色于葡萄皮。清洗葡萄一定要彻底，可先用清水泡 5 分钟左右，再逐个清洗。

火龙果

能量：51 千卡/100 克

每日用量： 1 ～ 2 个

火龙果富含大量果肉纤维、胡萝卜素、B 族维生素及维生素 C 等，还含有丰富的钙、磷、铁等无机盐及各种酶、白蛋白、纤维素及高浓度天然色素——花青素等营养成分，具有促进眼睛健康、增加骨质密度、帮助细胞膜生长、预防贫血、增加食欲的功效。

注意事项：

火龙果可鲜食、榨汁、做沙拉。如需保存，则应放在阴凉通风处，而不要放在冰箱中，以免冻伤反而很快变质。

香蕉

能量：91 千卡 /100 克

每日用量： 1 ~ 3个

香蕉中维生素 A 的含量较为丰富，维生素 A 能促进生长，增强对疾病的免疫能力，还能维持正常的生殖能力和视力。

注意事项：

果皮颜色黄黑泛红、稍带黑斑，表皮有皱纹的香蕉风味最佳。手捏后有软熟感的香蕉一定是甜的。买回来的香蕉最好悬挂起来，减少受压面积。

猕猴桃

能量：56 千卡 /100 克

每日用量： 1 ~ 2个

猕猴桃营养丰富，美味可口，含有丰富的维生素 A、维生素 C 和维生素 E，具有抗氧化作用，能有效美白皮肤，增强皮肤的抗衰老能力，使皮肤光滑，还可以强化机体的免疫系统，促进伤口的愈合。

注意事项：

为了保存猕猴桃中的维生素 C 含量，最好选择鲜食的方式，或与其他水果搭配做成沙拉。在酸性环境下，维生素即使经过短时间的加热也不会被完全破坏，所以猕猴桃也可以稍加热后再吃。

牛肉

能量：106 千卡/100 克

每日用量：每餐 50～80 克

牛肉具有补中益气、滋养脾胃、强健筋骨、化痰息风、止渴止涎的功效，适用于中气下陷、气短体虚、筋骨酸软和贫血久病及面黄目眩之人食用。

注意事项：

牛肉可用炒、爆、蒸、炖、酱、涮、煲汤等方式烹饪，营养鲜美，而煎和烤这两种烹调方式油分太大，不利于肠胃消化吸收，而且在烹饪过程中，由于温度过高也会损失不少营养，因此牛肉用于煲汤和炒食最为适宜。

猪瘦肉

能量：143 千卡/100 克

每日用量：50 克

猪瘦肉是优质蛋白质的主要来源，富含人体必需氨基酸，而且易于消化吸收。蛋白质在人的生命活动中起非常关键的作用，是构建组织细胞的基础材料，是酶和激素的基本成分，并参与维持细胞渗透压、保持细胞的正常形态等。儿童处在生长发育阶段，对于蛋白质和铁的需求量都很大，所以应该每日吃适当量的瘦肉补充所需，才能健康成长。

注意事项：

中医认为猪肉滋腻，易助痰生湿，所以体型肥胖的孩子应少吃猪肉。

鸡肉

能量：167千卡/100克

每日用量： 50 克

鸡胸肉、鸡腿肉中的脂肪含量较低，富含蛋白质、钙、磷、铁、镁、钾、钠及维生素 A、维生素 B_1、维生素 B_2 等，且口感细腻、易于消化，很适合咀嚼、消化功能较差的儿童，可以为其各系统器官发育、身高增长和恒牙的发育、疾病状态的恢复提供营养。

注意事项：

鸡皮可以保持鸡肉中的水分和营养不在烹饪过程中外流，并使肉质软嫩鲜美，但为了减少饱和脂肪酸的摄入，鸡肉烹调后应去皮后再给孩子食用。

鸡肝

能量：121千卡/100克

每日用量： 50 克

儿童经常吃些鸡肝，能保护眼睛，维持正常视力，防止眼睛干涩、疲劳，还有助于保护皮肤，维持皮肤和黏膜组织的屏障功能，提高免疫力。

注意事项：

新鲜的鸡肝外形完整，呈暗红色或褐色，颜色均匀有光泽，质地有弹性，有淡淡的血腥味，无腥臭等异味。应选用新鲜的鸡肝给孩子食用。

鸡蛋

能量：144千卡/100克

每日用量： 1 ~ 2个

鸡蛋是儿童最好的蛋白质来源之一，其蛋白质构成与人体极为相似，吸收率可达到98%。蛋黄富含不饱和脂肪酸、卵磷脂、蛋白质，维生素 A、维生素 B_1、维生素 B_2、维生素 D、维生素 E 和钙、铁、磷等营养物质，对孩子的身体成长和智力、各种器官内脏的发育有重要作用，能健脑益智，改善记忆力，促进伤口和病灶的愈合，促进肝细胞的再生，增强儿童肝脏的代谢解毒功能。

注意事项：

水煮鸡蛋和蒸蛋羹的吸收率最高，可达到98% ~ 100%，炒蛋和煎蛋的吸收率略低。每天一个鸡蛋，对儿童的身体和智力发育有很大好处。

鹌鹑蛋

能量：144千卡/100克

每日用量： 3 ~ 5个

鹌鹑蛋中的氨基酸种类齐全，含量丰富，还有高质量的多种磷脂、维生素等人体必需成分，铁、维生素 B_2、维生素 A 的含量均比同量鸡蛋高出两倍左右，而胆固醇含量则比鸡蛋低约 1/3，所以是各种虚弱病者、老人、儿童及孕妇的理想滋补食品。

注意事项：

鹌鹑蛋的外壳呈灰白色，还有红褐色的和紫褐色的斑纹，优质的鹌鹑蛋色泽鲜艳、壳硬，蛋黄呈深黄色，蛋白黏稠。烹饪方法同鸡蛋。

每日用量： 200 ～ 300 毫升

牛奶含钙丰富。钙是人体含量最多的无机盐，主要存在于骨骼和牙齿中，血液中也有少量的钙，维持着神经、肌肉的正常功能。

注意事项：

根据膳食指南，儿童应每天喝1杯牛奶或食用适量的奶制品。散装牛奶即使被煮沸，其杀菌效果也较差，且营养流失严重，所以应从正规渠道购买牛奶。巴氏杀菌奶能最大限度保留牛奶的营养，但保质期较短；超高温灭菌奶的保质期较长，但营养价值有所降低。

牛奶

能量：54 千卡/100 克

每日用量： 100 ～ 300 克

酸奶能促进消化液的分泌，增强儿童的消化能力，促进食欲。因为在发酵过程中，酸奶中的乳糖、蛋白质和脂肪被分解为半乳糖、氨基酸、肽链和脂肪酸，所以乳糖不耐受及消化功能差的儿童也可以饮用酸奶。儿童经常食用酸奶，不仅能得到丰富的营养，还能调节肠道菌群，增加有益菌，抑制肠道有害菌的生长，从而提高抗病能力。

注意事项：

中国约有30%的儿童会在4～5岁出现乳糖不耐受症，饮用牛奶时会出现腹泻等症状，但酸奶中的乳糖大部分已经被分解，所以此类儿童也可以食用。

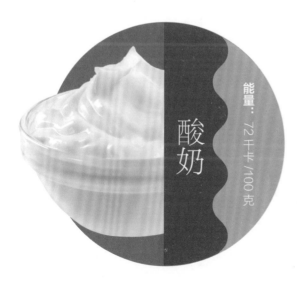

酸奶

能量：72 千卡/100 克

鲫鱼

能量：108 千卡/100 克

每日用量： 100 克

鲫鱼中的锰含量虽然不高，但吸收较好。锰可以促进骨骼的正常发育，维持脑和神经系统功能，维持糖和脂类的代谢，并改善造血功能。缺乏锰可引起骨和软骨发育异常、糖耐量异常、神经衰弱，影响智力发育。

注意事项：

鲫鱼营养丰富，但刺较多，应注意烹调方法和孩子食用时的安全。鲫鱼的补虚效果很好，特别适合脾胃虚弱、少食乏力、呕吐或腹泻、小便不利的儿童食用。

鲈鱼

能量：105 千卡/100 克

每日用量： 100 ~ 200 克

鲈鱼有健脾益肾、补气血、安神、化痰止咳的作用。鲈鱼中 DHA 含量远高于其他淡水鱼，是促进儿童智力发育非常好的食品。鲈鱼有健脾和胃的功效，特别适合脾胃虚弱、腹泻、疳积、消化不良、消瘦的儿童食用。

注意事项：

应使用易于消化，又能充分保留营养的蒸、炖等方法烹调。

鲤鱼

能量：109 千卡/100 克

每日用量： 100 ~ 200 克

鲤鱼可补脾健胃、利水消肿、清热解毒、止咳下气，含有大量优质蛋白质、脂肪、维生素 A、维生素 B$_2$、烟酸、维生素 E、钾、镁、锌、硒等营养物质。常吃鲤鱼还能供给发育中的儿童丰富的必需氨基酸、无机盐和维生素 D。

注意事项：

根据膳食宝塔，儿童每天应摄取 40 ~ 50 克的鱼虾类食物。鲤鱼肉质厚实，细刺少，比较适合孩子吃。过敏性疾病及因疾病发热的儿童应慎重食用。

三文鱼

能量：139 千卡/100 克

每日用量： 50 ~ 100 克

三文鱼有补虚劳、健脾胃、暖胃和中的功效，肉中含有丰富的不饱和脂肪酸，是儿童脑部、神经系统及视网膜发育必不可少的物质，有助于促进儿童智力发育、提高记忆力、改善视力等。

注意事项：

三文鱼属于海鱼，其中的砷、汞等元素含量较高，主要富集在鱼头和脊神经中，所以不要用三文鱼头或鱼骨煲汤。儿童应避免吃生三文鱼，一定要烹调熟透，以杀灭细菌和寄生虫。

鱿鱼

能量：313 千卡/100 克

每日用量： 50 ~ 100 克

鱿鱼是典型的高蛋白、低能量、低脂肪食物，富含蛋白质及钙、磷、铁、钾、硒、碘、锰、铜等元素。儿童常吃鱿鱼，有利于骨骼的生长发育和完善造血系统功能，预防缺钙和缺铁性贫血。

注意事项：

鱿鱼性温热，属于"发物"，发热及患有荨麻疹、湿疹、哮喘等过敏性疾病的儿童应慎食。

虾仁

能量：87 千卡/100 克

每日用量： 50 ~ 100 克

虾可温补脾胃、扶补阳气、改善食欲，且肉质松软、易消化，营养丰富，含有优质蛋白质及多种维生素、无机盐，对儿童来说是极好的食物。儿童经常吃虾，可促进大脑和神经系统发育、提高智力和学习能力，还有助于补充钙质，促进骨骼生长发育。

注意事项：

虾有温补肾气的效果，对于先天不足、体质虚寒的儿童有一定的补益效果，所以脾虚腹泻、消化不良的孩子可经常吃些虾。

海带

能量：12千卡/100克

每日用量： 50 ~ 100 克

海带能清热化痰、软坚散结、防治夜盲症、维持甲状腺正常功能、促进甲状腺素分泌。儿童常吃些海带，有促进智力发育、骨骼和牙齿的生长和坚固、增强机体免疫力、促进胃肠蠕动、预防便秘等多种益处。

注意事项：

海带性偏寒凉，脾胃虚弱、易腹泻的儿童不宜多吃。

紫菜

能量：207千卡/100克

每日用量： 20 ~ 30 克

紫菜中的多糖可明显增强细胞免疫和体液免疫功能，可促进淋巴细胞转化，提高机体的免疫力，对儿童改善体质、预防传染病有很大益处。

注意事项：

做汤或粥时，加少量的紫菜能使食物味道鲜香，孩子更爱吃。但紫菜性偏寒凉，脾胃虚弱、易腹泻的儿童不宜多吃。

每日用量： 200 克左右

粳米米糠层的粗纤维有助于胃肠的蠕动，对儿童便秘有很好的疗效。粳米所含人体必需氨基酸比较全面，能提高人体的免疫力，促进血液循环，对儿童有益。

注意事项：

一般人都可以食用粳米，对于消化功能还不是特别完善的学龄前的幼儿，食用粳米能增强身体的免疫力，对身体较为虚弱、早产的小朋友也很有益。

粳米

能量：346 千卡/100 克

每日用量： 1 ~ 2 个

玉米含有丰富的纤维素，不仅可以刺激胃肠蠕动，防止便秘，还可以促进胆固醇的代谢，加速肠内毒素的排出。玉米还含有丰富的维生素 A，能保护视力，防止夜盲症。

注意事项：

玉米的氨基酸中，赖氨酸、色氨酸含量很低，应和其他粮豆类搭配食用。不可作为主食长期、单一地食用玉米。

玉米

能量：106 千卡/100 克

面条

能量…284千卡/100克

每日用量： 50 ～ 200 克

俗话说，面条"养胃又养人"。对于儿童而言，其肠胃的消化功能不太完善，机体代谢不如成人旺盛，所以极易出现肚子痛和腹泻等症状。适当吃面条，既补充了营养成分，也保护了肠胃。

注意事项：

太热的面对食道会有损伤，太凉则不利于消化吸收，吃碗温乎乎的面最合适。

小米

能量…358千卡/100克

每日用量： 50 ～ 200 克

小米具有开胃消食、止呕、安神等功效。小米是粗粮的一种，其纤维素的含量较高。很多学龄期儿童偏向于吃甜食，不爱吃饭或吃得很少，如果长期如此，极易造成小儿营养不良，从而导致一些常见的儿童性疾病。而小米能开胃消食，让孩子不过于偏食，使其得到充分的营养。

注意事项：

不能用小米代替其他主食，因为小米蛋白质的氨基酸组成并不理想，其赖氨酸过低而亮氨酸过高，所以应与其他粮食类搭配食用，以免造成营养不均衡。

四、常见肠胃病症调理，让孩子拥有好胃口

发热

发热是小儿最常见的症状，尤其是幼儿。引起孩子发热的原因最常见的是呼吸道感染，如上呼吸道感染、急性喉炎、支气管炎、肺炎等；也可以由小儿消化道感染，如肠炎、细菌性痢疾等引起；而泌尿系感染、中枢神经系统感染及麻疹、水痘、幼儿急疹、猩红热等症也可以导致发热。

◎ 病症解析

小儿发热温度在 37.5 ~ 41℃，发热时间超过两周为长期发热。小儿正常体温常以肛温 36.5 ~ 37.5℃、腋温 36 ~ 37℃衡量。若腋温超过 37.4℃，且一日间体温波动超过 1℃，便可认为是发热。低热是指腋温为 37.5 ~ 38℃，中度热为 38.1 ~ 39℃，高热为 39.1 ~ 41℃，超高热则为 41℃以上。

◎ 日常防护

一般宝宝发热在 38.5℃以下不用药物退热，选用物理降温即可；38.5℃以上应采用相应的药物退热措施。

物理降温：温水擦浴，用毛巾蘸上温水（水温不感烫手为宜），在颈部、腋窝、大腿根部擦拭 5 ~ 10 分钟。

◎ 饮食注意

饮食宜富有营养，如食用些鲜鱼、瘦肉、牛奶、豆浆、蛋品等。

多喝水，吃一些容易消化的食物，以流质软食为宜，如菜汤、稀粥、面汤、蛋汤等，以清淡为宜。

忌食油腻、油炸、辛辣的食品，气虚血亏者还忌食生冷及寒凉性食物。

◎ 食谱推荐

虾仁蔬菜稀饭

材料：

虾仁 30 克，胡萝卜 35 克，洋葱 40 克，秀珍菇 55 克，稀饭 120 克，高汤 200 毫升，食用油适量

做法：

1. 锅中注入适量清水烧开，倒入洗净的虾仁，拌匀，煮至虾身弯曲，捞出沥水，将放凉的虾仁切碎；洗净的洋葱切片，改切成小丁。

2. 洗净去皮的胡萝卜切片，再切成细丝，改切成丁；洗好的秀珍菇切细丝。

3. 砂锅置于火上，淋入少许食用油，倒入洋葱，炒香，放入胡萝卜丁、虾仁碎、秀珍菇丝，炒匀，倒入高汤，加入稀饭，拌匀、炒散，盖上盖，烧开后用小火煮约 20 分钟至食材熟透，揭盖，搅拌匀至稀饭浓稠，关火后盛出煮好的稀饭，装入碗中即可。

海米烩冬瓜

材料：

金钩海米 50 克，冬瓜条 400 克，香葱末少许，山茶油、蒜末、姜末、白胡椒粉、白糖各适量

做法：

1. 锅烧热，放入少许山茶油，倒入海米，小火煸炒出香气。
2. 加入姜末、蒜末，继续煸炒至微微泛黄后，倒入少许开水，加入冬瓜条烧 3 分钟。
3. 加入白胡椒粉、白糖调味。
4. 出锅后撒入香葱末即可。

材料：

去皮茄子 100 克，鸡胸肉 200 克，去皮胡萝卜 95 克，蒜片、葱段各少许，盐、白糖各 2 克，胡椒粉 3 克，蚝油 5 克，生抽、水淀粉各 5 毫升，料酒 10 毫升，食用油适量

做法：

1. 去皮的茄子切丁，去皮的胡萝卜切丁，洗净的鸡胸肉切丁装碗，加入少许盐、料酒、水淀粉、食用油拌匀，腌渍入味。
2. 用油起锅，倒入腌好的鸡肉丁翻炒约 2 分钟至转色，盛出鸡肉丁装盘。
3. 另起锅注油，倒入胡萝卜丁炒匀，放入葱段、蒜片，炒香，倒入茄子丁炒约 1 分钟至食材微熟，加入料酒，注水搅匀，再加盐搅匀，用大火焖 5 分钟至食材熟软，揭盖，倒入鸡肉丁，加入蚝油、胡椒粉、生抽、白糖，炒约 1 分钟至入味。关火后盛出即可。

胡萝卜鸡肉茄丁

腹泻

小儿腹泻是各种原因引起的以腹泻为主要临床表现的胃肠道功能紊乱综合征。本病多发于 1 ～ 2 岁的小孩。

◎ 病症解析

引起小儿腹泻的原因包括非感染性因素和感染性因素两个方面。非感染性因素包括：小儿消化系统发育不良，耐受力差；气候突然变化，小儿腹部受凉使肠蠕动增加或因天气过热使消化液分泌减少而诱发腹泻。感染性因素是指由病毒、细菌、真菌、寄生虫等微生物感染引起的腹泻，可通过污染的日用品、手、玩具或带菌者传播。

常见症状有：

1. 大便次数增多：每日大便次数多在 10 次以下，少数病例可达十几次，每次大便量不多。

2. 大便性状改变：大便稀薄或带水，呈黄色，有酸味，常见白色或黄白色奶瓣和泡沫，可混有少量黏液。

3. 全身症状：患者一般无发热或发热不高，伴食欲缺乏，偶有溢乳或呕吐。轻者无明显的全身症状，精神尚好，无脱水症状，多在数日内痊愈；重者会出现脱水，精神差，皮肤干燥，眼窝、前囟凹陷，小便减少等症。

◎ 日常防护

应适当控制腹泻小儿的饮食，减轻其肠胃负担。

腹泻严重及伤食泄泻患儿可暂时禁食 6 ～ 8 小时，随着病情的好转，逐渐增加饮食量。

保持皮肤清洁干燥，勤换尿布。每次大便后，宜用温水清洗臀部，并扑上爽身粉，防止发生红臀。

◎ 饮食注意

治疗小儿腹泻，主要从抑制致病菌、健脾祛湿、涩肠止泻着手，临床上常用的中药材和食材有白扁豆、石榴皮、藿香、补骨脂、陈皮、薏米、桔梗、神曲、麦芽、莱菔子、萝卜、马蹄、石榴、猪肚、牛肚、山药、砂仁、莲子、苹果等。

宜食含有果胶的碱性食物，如苹果、土豆、胡萝卜等，可起到一定的止泻作用。补充患儿体内流失的水分，宜饮用糖水、盐水、盐稀饭、盐米汤、酸奶等。忌食油腻、生冷及不易消化的食物。密切观察病情变化。

◎ 食谱推荐

材料：
猪肚 220 克，水发莲子 80 克，盐 2 克，姜片、葱段、鸡粉、胡椒粉各少许，料酒 7 毫升

做法：
1. 将洗净的猪肚切开，切成条形。
2. 锅中注水烧开，放入猪肚条拌匀，淋入少许料酒拌匀，煮约 1 分钟，捞出猪肚，沥水。
3. 砂锅中注水烧热，倒入姜片、葱段，放入汆过水的猪肚条，倒入洗净的莲子，淋入少许料酒，盖上盖，烧开后用小火煮约 2 小时至食材熟透。
4. 揭盖，加入少许盐、鸡粉、胡椒粉拌匀，用中火煮至食材入味，关火后盛出煮好的菜肴，装入碗中即可。

莲子炖猪肚

三色饭团

材料：

菠菜 45 克，胡萝卜 35 克，冷米饭 90 克，熟蛋黄 25 克

做法：

1.熟蛋黄切碎，碾成末；洗净的胡萝卜切薄片，再切细丝，改切成粒。

2.锅中注入适量清水烧开，倒入洗净的菠菜，拌匀，煮至变软，捞出菠菜，沥干水分，放凉。

3.沸水锅中放入胡萝卜粒，焯煮一会儿，捞出，沥干水分。

4.将放凉的菠菜切碎。取一大碗，倒入米饭、菠菜碎、胡萝卜粒，放入蛋黄，搅匀至其有黏性。

5.将拌好的米饭制成几个大小均匀的饭团，放入盘中，摆好即可。

便秘

小儿便秘往往是由排便规律的改变造成的，指排便次数明显减少，大便干燥、坚硬、秘结不通，排便时间间隔较久（超过2天）、无规律，或虽有便意而排不出。

◎ 病症解析

小儿便秘的主要症状包括排便次数减少，粪便干燥、坚硬，有排便困难和肛门疼痛，有时粪便擦伤肠黏膜或肛门还会引起出血。如果长期便秘，很可能导致孩子精神不振、乏力、食欲下降等。

◎ 日常防护

○ 养成良好的排便习惯。每日定时排便，形成条件反射，建立排便规律。鼓励孩子及时排便，不要抑制便意。

○ 帮孩子按摩腹部。加强对肠道的机械性刺激，增加肠蠕动，帮助孩子顺利排便，不受便秘的困扰。

○ 不可擅自服药。对于便秘患儿，未经医生许可，不能擅自给孩子服用泻药或者灌肠剂，以免造成不良反应或药物依赖。

◎ 饮食注意

孩子的辅食制作不要过于精细，辅食添加的量要由少到多，以免因为缺乏纤维素或饮食过量而引起便秘。适当增加蔬菜、水果和富含膳食纤维的食物摄入，既有利于肠道蠕动，预防便秘，又能补充营养、平衡膳食。

因母乳喂养的便秘患儿，妈妈不宜过量食用高蛋白的食物，应多吃一些蔬菜、水果，同时给宝宝喂些温开水，起到润肠的作用。

充足水分的摄入有助于软化粪便，并促进其顺利通过结肠。如果孩子不喜欢喝白开水，可以适当喝些果汁，从而预防便秘的发生。

忌食辛辣、燥热、刺激性的食物，如辣椒、花椒、胡椒、浓茶、芡实、橘子、巧克力、荔枝、红枣、人参等。

◎ 食谱推荐

西红柿鸡蛋河粉

材料：

西红柿 100 克，河粉 400 克，鸡蛋 1 个，炸蒜片、葱花各少许，盐 2 克，鸡粉 3 克，生抽、食用油各适量

做法：

1. 洗净的西红柿横刀切片。

2. 锅中注水烧开，倒入河粉，稍煮片刻至熟软，关火后将煮好的河粉盛出，装入碗中。

3. 用油起锅，打入鸡蛋，煎约 1 分钟至其成形，倒入西红柿，注入清水，加入盐、鸡粉、生抽，拌匀，稍煮片刻至其入味。

4. 关火，将煮好的西红柿鸡蛋汤盛入装有河粉的碗中，放上炸蒜片、葱花即可。

193

葡萄苹果沙拉

材料：

葡萄 80 克，去皮苹果 150 克，圣女果 40 克，酸奶 50 克

做法：

1. 洗净的圣女果对半切开；洗好的葡萄摘取下来；苹果切开去籽，切成丁。

2. 取一盘，摆放上圣女果、葡萄、苹果丁，浇上酸奶即可。

豆腐四季豆碎米粥

材料：

豆腐 85 克，四季豆 75 克，大米 65 克，盐少许

做法：

1. 将洗好的豆腐切成片，再切条，改切成丁；把择洗干净的四季豆切成段。

2. 锅中注入适量清水烧开，放入四季豆段，煮至熟，捞出四季豆段，沥干水分，装入盘中。

3. 取榨汁机，选搅拌刀座组合，把四季豆段放入杯中，倒入适量清水，盖上盖，选择"搅拌"功能，榨取四季豆汁。

4. 选择干磨刀座组合，将大米放入杯中，将大米磨成碎。

5. 把榨好的四季豆汁倒入汤锅中，煮开后放入米碎、豆腐丁煮至浓稠，加盐调味即可。

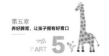

厌食

小儿厌食症是指小儿长时间见食不贪、食欲缺乏，甚至拒食的一种常见病症，多发于 3 ~ 6 岁的儿童。如果长期得不到矫正，会引发营养不良和发育迟缓、畸形。

◎ 病症解析

造成小儿厌食的因素有：不良的饮食习惯（过多地吃零食打乱了消化活动的正常规律，会使小儿没有食欲）；微量元素缺乏，如缺锌；饮食结构不合理（主副食中的肉、蛋、奶等高蛋白食物多，蔬菜、水果、谷类食物少，冷饮、冷食、甜食吃得多）；家长照顾孩子进食的方法、态度不当；以及全身性疾病影响，如肝炎、肠炎等。患儿食欲减退，饭量明显减少，但身体的其他状况尚好。患儿除厌食外，还伴有腹部胀满、腹泻、呕吐等症，严重长期的厌食者会出现营养不良、生长发育迟缓等症状。

◎ 日常防护

矫治厌食不可单纯依赖药物，切勿滥用保健补品，必须纠正不良的饮食习惯，如贪吃零食、偏食、挑食、饮食不按时等。食物不要过于精细，鼓励患儿多吃蔬菜及粗粮。对患儿喜爱的某些简单食物，应允其进食，以诱导开胃。

◎ 饮食注意

研究证明，小儿缺锌后，味觉敏感度会明显下降，吃东西味同嚼蜡，食欲减退，出现厌食症状，所以治疗当从补锌、提高味觉敏感度开始。临床上常用的中药材和食材有白术、党参、茯苓、黄芪、山药、莲子、花生、芝麻、虾、紫菜、海带、板栗、芹菜、苹果等。

提高铁元素含量，防治贫血引起的食欲缺乏、厌食，也是另一个重要方面。临床上可用的中药材和食材有猪血、鸡血、山药、红豆、豌豆、红枣、桂圆肉、黑芝麻、蛋黄、花生等。

宜食富含钾元素的食物，如紫菜、海带、菠菜、苋菜、蒜、大葱、蚕豆、毛豆、荞麦面、香蕉、西瓜等。

忌食高糖、高蛋白、不容易消化的食物，如冰淇淋、可乐、蛋糕、糖果、红薯、黄豆等。

忌食辛辣刺激的食物，如辣椒、花椒、胡椒、生姜、芥末、茴香等。

忌过度食用滋补药或苦寒攻下的药材，如人参、熟地黄、龟板、黄连、大黄、槟榔等。

◎ 食谱推荐

材料：
雪梨 120 克，菠菜 80 克，水发米碎 90 克

做法：

1.洗好去皮的雪梨切开，去核，再切小块；洗净的菠菜切小段。

2.取榨汁机，倒入雪梨块，注入少许温开水，榨取汁水，倒出，再倒入菠菜，注入少许温开水，榨取汁水，倒出菠菜汁。

3.砂锅中注入少许清水烧开，倒入备好的米碎，拌匀，烧开后用小火煮约 10 分钟，倒入菠菜汁，用中火续煮约 10 分钟至食材熟透，揭开盖，倒入雪梨汁，用大火烧开，关火即成。

雪梨菠菜稀粥

松仁鸡蛋炒茼蒿

材料：

松仁 30 克，鸡蛋 2 个，茼蒿 200 克，枸杞子 12 克，葱花少许，盐、鸡粉各 2 克，水淀粉 4 毫升，食用油适量

做法：

1.将鸡蛋打入碗中，加入少许盐、鸡粉，放入葱花，打散、调匀；将洗净的茼蒿切碎。

2.热锅注油，烧至三成热，倒入松仁炸香，捞出；锅底留油，倒入备好的蛋液炒熟，盛出。

3.锅中加入少许食用油烧热，倒入切好的茼蒿碎，翻炒片刻，炒至熟软，加入少许盐、鸡粉，炒匀调味，倒入炒好的鸡蛋，放入洗净的枸杞子，炒匀，淋入适量水淀粉快速翻炒均匀。

4.关火后将锅中的食材盛出，装入盘中，撒上松仁即可。

小儿疳积

小儿疳积是小儿疳证和小儿积滞的总称，是儿科的一种常见病，多发于小儿时期，尤其是 1 ~ 5 岁儿童。

◎ 病症解析

小儿疳积是由于喂养不当，或由多种疾病的影响，使脾胃受损而导致的慢性病症。现代多由偏食、营养摄入不足、喂养不当、消化吸收不良以及各种慢性疾病所致。

1. 积滞症状：小儿面黄肌瘦、烦躁爱哭、睡眠不安、食欲缺乏或呕吐酸馊乳食、腹部胀实或时有疼痛、小便短黄或如米泔、大便酸臭或溏薄，兼发低热，此为乳食积滞的实证。

2. 疳证症状：患儿身体逐渐消瘦，腹部坚硬胀大，水肿，生长发育迟缓，头发枯槁萎黄，还伴有各个器官功能低下等。

◎ 日常防护

预防小儿疳积应从小儿出生时开始着手。婴儿时期用母乳喂养，孩子断奶后应当及时地增添辅食，但是要注意循序渐进，掌握"从少到多，从软到硬，从细到粗"的原则。1 ~ 3 岁时，建议每天的食品要多样，选择细、软、烂的食物。必须纠正不良的饮食习惯，如贪吃零食、偏食、挑食等。

◎ 饮食注意

宜食具有强化消化功能的食物，如佛手、木香、陈皮、山楂、神曲、麦芽、鸡内金、白扁豆、粳米、小麦、莲子、荞麦、芝麻油、草鱼、鲫鱼、西红柿、胡萝卜、南瓜、香菇等。宜食可补充营养、增强体质的食物，如牛奶、猪肉、兔肉、牛肉、羊肉、乌鸡、红枣、黑豆、芝麻、粳米等。

忌吃一切辛辣、炙烤、油炸、炒爆之品，如辣椒、胡椒、烤肉、炸薯条、油条等。忌食油厚肥腻的食物，如肥肉、鹅肉、猪油、奶油、牛髓、黄油等。忌食生冷、性寒、甜腻的食物，如冰淇淋、螃蟹、饴糖、白糖、红糖、糖果等。

◎ 食谱推荐

银鱼豆腐面

材料：

面条 160 克，豆腐 80 克，黄豆芽 40 克，银鱼干少许，柴鱼片汤 500 毫升，蛋清 15 克，盐 2 克，生抽 5 毫升，水淀粉适量

做法：

1. 将豆腐切小方块。

2. 锅中注水烧开，倒入面条搅匀，用中火煮约 4 分钟至面条熟软，关火后捞出沥水。

3. 另起锅，注入柴鱼片汤，放入洗净的银鱼干拌匀，大火煮沸，加入少许盐、生抽，再倒入洗净的黄豆芽、豆腐块拌匀。淋入适量水淀粉拌匀煮至熟透，再倒入蛋清，边倒边搅拌，制成汤料。取一个汤碗，放入煮熟的面条，盛入锅中的汤料即成。

酸奶西瓜沙拉

材料：

西瓜 350 克，酸奶 120 克

做法：

1. 西瓜对半切开，改切成小瓣，取出果肉，改切成小方块。

2. 取一个干净的盘子，放入切好的西瓜果肉，码放整齐。

3. 将备好的酸奶均匀地淋在西瓜上即可。

PART 6

习惯的养成不是一蹴而就的，需要父母的慢慢引导。尤其是良好的饮食习惯，光靠饮食调理是不够的，很多生活细节也要注意，才能帮助孩子养成好习惯。

第六章

生活细节调整，让孩子养成良好的饮食习惯

一、父母要为孩子树立健康饮食的榜样

父母是宝宝的榜样，从宝宝的一日三餐中可以看到父母的饮食习惯，父母看似无意地评价哪种菜好吃、哪种菜不好吃，喜欢吃什么、不喜欢吃什么，都会被宝宝听在耳里。要培养宝宝良好的饮食习惯，父母首先要以身作则，改变、调整自己的饮食习惯，最起码在宝宝面前不要显露出特别的饮食偏好。

集中精神用餐

给孩子营造一个轻松愉快的就餐环境，喂孩子饭的时候七嘴八舌地聊天，容易分散孩子的注意力，所以父母一定要注重周围环境，让孩子可以集中精力专心吃饭。

吃饭的时候关掉电视、关掉手机，全家一起专心地吃饭。很多家庭都有这样的情况，一边看电视一边吃饭，如果在宝宝吃饭时看电视，他的注意力就会集中在电视上，导致他没有心思吃饭，或者吃饭速度变得非常慢。这种情况会使宝宝正常的营养摄入受到影响，从而让他成长发育的速度变慢。所以，一定不要在宝宝吃饭时开电视。

按时按点吃饭

宝宝小的时候胃口小、吃得少，所以饿得也快，一般两三个小时就要吃一次饭，这时我们不需要他跟大人一样进行一日三餐。等宝宝长大一点并且可以独立用餐后，家长就要帮他养成按时按点吃饭的习惯。一日三餐是最适合人体吸收、消化食物营养的一个过程，让宝宝养成一日三餐按时按点吃饭的习惯，对他的成长发育有很大的帮助。

好好坐着吃饭

有些小朋友比较好动，总是停不下来，吃饭时还喜欢蹲着，这是一种不良的饮食习惯。蹲着吃饭，腹部受到挤压，除胃肠不能正常蠕动外，还会使胃肠中的气体不能上下畅通，造成上腹部胀满，影响食物的消化吸收。蹲的时间长了，腹部和下肢受压迫，导致全身血液循环不畅通，下肢酸痛麻木。胃的蠕动量和张力增加，需要大量的血液，而蹲着时血液对胃的供应受到影响，就会直接影响胃的消化功能。如果坐在凳子上吃饭，腹部肌肉松弛，血液循环不受阻，胃肠有规律地正常工作，对消化食物是非常有利的。

也有的小孩子喜欢边吃饭边玩，而很多家长都会纵容孩子，喂一口饭让孩子玩一会儿。最常见的是孩子在前边走，家长在后面追着给他喂饭。孩子玩的时候嘴里含着食物，很容易发生食物误入气管的情况，轻者出现剧烈的呛咳，重者可能导致窒息。另外，孩子叼着小勺跑来跑去时如果摔倒，小勺可能会刺伤宝贝的口腔或咽喉。

家长们应该让孩子坐在饭桌上吃饭，不要让孩子端着碗到处跑。吃饭的环境、地点固定，周围不要有干扰的情况，不要有人走来走去，不要开电视，也不要让孩子玩玩具。同时吃饭要有规律，在孩子比较饥饿的时候开饭，这时孩子吃饭的兴趣会大大增加，持续时间也会长。

不偏食、不挑食

有的家长本身就有偏食的习惯，在饮食上面挑三拣四，在孩子面前常说这个不好吃、那个也难吃。而儿童正处于模仿及学习能力最强的时期，导致孩子也学大人那样。如果家长不喜欢吃某一种食物，家里往往就很少买这种食物，使得孩子很少吃到这种食物，间接造成孩子偏食、挑食的习惯。很多由年轻父母掌勺的小家庭由于烹饪技术不佳，习惯常做一种饭菜或者孩子爱吃什么就总给孩子做什么，等到吃腻了的时候，孩子偏食、挑食行为就已经形成了。如果父母不注意烹调方法，不注意颜色搭配和形状的多样化，做的饭菜没有滋味或缺乏变化，也很容易使孩子形成偏食、挑食的行为。

二、尊重孩子，培养孩子的食物自主权

鼓励孩子自主进食

孩子刚开始自己吃东西时，可能会出现各种状况，比如把食物弄得满桌子都是，把水或者奶倒翻，吃得食物满脸满地都是，衣服脏了、碗勺掉了、桌子乱了、地上脏了……家长动手喂食可以做得更快更好，但剥夺了孩子自己探索食物和学会自主进食的机会。孩子刚开始做得不好时，家长需要示范、引导，适当地放手，只要不危害孩子的健康和安全就不必太在意。

自主进食习惯的养成，短期内可能需要花费一些心力，但习惯一旦养成，家长会轻松很多，孩子也会终生受益。当然，并不是所有的挑食、偏食、喂养困难的孩子都是家长的问题，有少部分孩子确实是因为存在精神、心理、胃肠道问题，如果孩子的生长发育曲线异常，也应及时到医院就诊。

给孩子准备专用座椅和餐具

想让宝宝养成良好的用餐习惯，首先要确保他能够安下心来乖乖吃饭。这对于年龄尚小的宝宝来说，是一个很大的难题，因为他很难待在一个地方不动。所以，给宝宝准备一把婴儿餐椅，让宝宝吃饭的时候坐在婴儿餐椅里，可以有效防止他吃饭时乱跑。最主要的是，这样可以很好地培养宝宝独立吃饭的能力。

同时也要让宝宝学会独立使用餐具。这里需要注意的是，要给宝宝挑选质量好、适合他们使用的餐具，这样有利于宝宝更快地学习使用。像勺子这类不讲究把握手法的餐具，家长只需注意它的材质安全即可；而对于筷子这类掌握起来有

一定难度并且极易出现用法错误的餐具来说，家长应先让宝宝使用练习，等熟练之后再一步步帮助他独立使用其他餐具。在宝宝独立吃饭时，家长不要因为他吃进去的少、洒出来的多，而选择直接喂他，这样做的话，对于他养成良好的用餐习惯有百害而无一利。

吃饭不是越多越好

有的父母总是期望孩子多吃多喝，用大的碗盘装很多，实际上并不是吃得越多越好，过量饮食反而会增加孩子的健康风险。一次少盛一点，不够再添，既可以减少浪费，又可以避免大碗的食物给孩子造成进食的压力。建议给孩子使用小的盘子、碗或其他餐具，小份取用食物，不够再添。当孩子能够自己吃饭时，就可以培养孩子自己取用食物的习惯。孩子 3 ~ 5 岁是最佳训练期，可以让孩子从盘子里自行取一小份沙拉或其他的小菜到自己的小盘子里。这样会让孩子感觉自己"长大了"，并且可以帮助他们明白，自己能吃多少就取多少，以避免浪费食物。

避免餐桌教育

"餐桌不训子"这句话不是没有道理的。餐桌本来就是吃饭的地方，不是教育孩子的场所。饭桌上训孩子容易让一家人心情都不好，孩子更不愿意好好吃饭。很多父母平时都很忙，很少有时间陪伴孩子，也就是晚上下班以后一起吃饭的时候全家能聚在一起。父母想着趁吃饭的时间教育一下孩子，但是教育的内容都是"学习怎么样""别人家的孩子如何厉害""你要把成绩提高上去"……在这样的"教育"下，孩子压力大，又怎么可能有食欲呢？如果父母经常在吃饭时这样"教育"孩子，那他们就会把"吃饭"和"挨训"联系在一起，变得对吃饭很排斥，严重的还会产生厌食心理。

孩子被父母训斥，心情肯定不好，进而为了逃避压抑的吃饭环境，草草吃几口就避开。在这种情况下，孩子为了早点逃离，不会细嚼慢咽饭菜，甚至连汤都来不及喝，一定会影响消化系统。

附录 儿童身高、体重等增长指标基本规律

体重

体重是衡量体格生长的重要指标，也是反映小儿营养状况最易获得的灵敏指标。小儿体重的增加不是等速的，年龄越小，增加速度越快。出生最初的 3 个月会增长迅速，6 个月呈现第一个生长高峰；6 个月后逐渐减慢，此后稳步增加。出生后前 3 个月每月体重增加 700 ~ 800 克，4 ~ 6 个月每月增加 500 ~ 600 克，故宝宝出生第一年的前半年每月体重平均增加 600 ~ 800 克，后半年每月平均增加 300 ~ 400 克。出生后第二年全年增加 2.5 千克左右，2 岁至青春期前每年体重稳步增加约 2 千克。为方便临床应用，可按公式粗略估计体重：

1 ~ 6 个月龄婴儿体重 = 出生时体重 + （月龄 ×0.7）

7 ~ 12 个月龄婴儿体重 = 出生时体重 + （月龄 ×0.5）

2 ~ 12 岁儿童体重 = 年龄 ×2+7（或 8）

身高

身高受种族、遗传、营养、内分泌、运动和疾病等因素影响，短期的病症和营养状况对身高的影响并不显著，但是与长期营养状况关系密切。身高的增长规律与体重相似，年龄愈小增长愈快，出生时身高（长）平均为 50 厘米，生后第一年身长增长约为 25 厘米，第二年开始身长增长速度减慢，平均每年增长 10 厘米左右，即 2 岁时身长约 85 厘米。2 岁以后身高平均每年增长 5 ~ 7 厘米，2 ~ 12 岁身高的估算公式为：年龄 ×7+70 厘米。

头围

头围的大小与脑的发育密切相关。神经系统，特别是人脑的发育，在出生后的两年内最快，5 岁时脑的大小和重量已经接近成人水平。头围也有相应的改变，出生时头围相对较大，约为 34 厘米，1 岁以内增长较快，6 个月时头围平均为 44 厘米，1 岁时头围平均为 46 厘米，2 岁时平均为 48 厘米，到 5 岁时平均为 50 厘米，15 岁时平均为 53 ~ 58 厘米，与成人相近。

胸围

胸围大小与肺和胸廓的发育有关。出生时胸围平均为32厘米，比头围小1～2厘米，1岁左右胸围等于头围，1岁以后胸围应逐渐超过头围，头围和胸围的增长曲线形成交叉。头围、胸围增长线的交叉时间与儿童的营养和胸廓发育有关，发育较差者的头围、胸围交叉时间会延后。

前囟

前囟为额骨和顶骨形成的菱形间隙，前囟对边中点长度在出生时为1.5～2厘米，后随颅骨发育而增加，6个月后逐渐骨化而变小，多数在1～1.5岁时闭合。前囟早闭常见于头小畸形，晚闭多见于佝偻病、脑积水或克汀病。前囟是一个小窗口，它能直接反映许多疾病的早期体征。前囟饱满常见于各种原因引起的颅内压增高，是婴儿脑膜炎的体征之一；囟门凹陷多见于脱水。

牙齿

新生儿一般无牙，通常出生后5～10个月开始出乳牙。出牙顺序是先下颌后上颌，自前向后依次萌出，唯尖牙例外。20颗乳牙于2～2.5岁出齐。若出牙时间推迟或出牙顺序混乱，常见于佝偻病、呆小病、营养不良等。6岁后乳牙开始脱落，换出恒牙，直至12岁左右长出第二磨牙。婴幼儿的乳牙个数可用以下公式推算：乳牙数 = 月龄 -4（或6）。

脊柱

新生儿的脊柱仅轻微后凸，当3个月抬头时，出现颈椎前凸，即为脊柱的第一弯曲；6个月后能坐，出现第二弯曲，即胸部的脊柱后凸；到1岁时开始行走后出现第三弯曲，即腰部的脊柱前凸；至6～7岁时，被韧带固定形成生理弯曲，对保持身体平衡有利。坐、立、行姿不正及骨骼病变均可引起脊柱发育异常或造成畸形。